自动化测试实战
——基于 TestNG/JUnit/Robot Framework/Selenium

卢家涛　编著

机 械 工 业 出 版 社

本书共12章，第1章首先以一个自动化测试用例为引子，接下来的10章对由此引申出的自动化测试中的多个热门专题，包括测试用例分层、数据驱动测试、关键字驱动测试、Page Object设计模式、等待、断言、测试报告、测试替身、并行执行、分布式执行和持续集成等进行了详细介绍，第12章以展望的形式对自动化测试平台以及容器化和人工智能技术在自动化测试中的应用做了简介。

本书适合有一定编程语言和自动化测试基础的中高级测试工程师、自动化测试工程师、测试开发工程师以及测试管理者阅读。

图书在版编目（CIP）数据

自动化测试实战：基于TestNG/JUnit/Robot Framework/Selenium/卢家涛编著. —北京：机械工业出版社，2020.12（2023.1重印）

ISBN 978-7-111-67316-3

Ⅰ. ①自…　Ⅱ. ①卢…　Ⅲ. ①软件工具-自动测试　Ⅳ. ①TP311.561

中国版本图书馆CIP数据核字（2021）第015028号

机械工业出版社（北京市百万庄大街22号　邮政编码100037）
策划编辑：秦　菲　　责任编辑：秦　菲
责任校对：张艳霞　　责任印制：郜　敏
北京盛通商印快线网络科技有限公司印刷

2023年1月第1版·第3次印刷
184mm×260mm·16.25印张·399千字
标准书号：ISBN 978-7-111-67316-3
定价：99.00元

电话服务
客服电话：010-88361066
　　　　　010-88379833
　　　　　010-68326294

网络服务
机　工　官　网：www.cmpbook.com
机　工　官　博：weibo.com/cmp1952
金　　书　　网：www.golden-book.com
机工教育服务网：www.cmpedu.com

前　言

自动化测试已经成为软件测试行业的一个重要领域，在大部分公司的面试及项目实践中几乎都会涉及自动化测试，因此自动化测试已经成为测试人员的必备技能。

2011 年，笔者接触了第一个自动化测试工具 DeviceAnywhere，该工具将真实手机置于云端，通过录制回放执行自动化测试用例，最后采用图片对比技术实现断言。次年，笔者开始使用 Python 和 monkeyrunner 编写基于 Android 的界面自动化测试用例。时间转瞬即逝，笔者和自动化测试结缘已近 10 年。在此期间，笔者负责过大型自动化测试项目的用例维护，也负责过整个公司自动化测试的实际项目落地。基于多年对自动化测试技术的积累，笔者希望能够将这部分经验总结并分享给大家。

根据笔者多年自动化测试的工作经验，大多数自动化测试人员仅仅停留在简单的脚本编写阶段，在如何提高自动化测试的建设效率、执行效率和维护效率等方面非常欠缺。针对这种现象，笔者开始编写本书，旨在提升测试人员自动化测试能力。本书共包含 12 章，其主要内容如下。

第 1 章介绍示例应用程序的部署，并以一个自动化测试用例为引子，以此引申出自动化测试领域中的多个热门专题。

第 2 章以模块化和函数库的方式对测试用例进行分层，介绍了工程内、跨工程的代码复用策略，最后介绍了对于大型自动化测试项目适用的精细化测试用例分层思想。

第 3 章详细介绍了 TestNG 和 JUnit 的参数化测试，并介绍了如何使用 CSV、Excel、Properties、YAML 和数据库作为数据源。

第 4 章首先介绍关键字的概念，然后介绍了 Robot Framework 的关键字，包括标准关键字、外部关键字、自定义关键字、用户关键字及关键字的优先级，最后介绍了如何自己实现一个关键字驱动测试框架。

第 5 章首先介绍 Page Object 设计模式的概念，然后介绍了两层和三层建模两种不同的建模方式，接下来介绍了 Selenium 对 Page Object 设计模式的支持，最后对 Page Object 设计模式提出优化建议。

第 6 章从 Java 线程休眠开始介绍自动化测试用例中的等待，然后详细介绍了 Selenium 中的隐式等待和显式等待。另外，在显式等待章节中还介绍了如何实现自定义的等待条件。

第 7 章从 Java 断言开始介绍自动化测试用例中的断言，然后详细介绍了 TestNG 和 JUnit 的断言，最后介绍了 AssertJ 和 Hamcrest 两个断言函数库。另外，在 Hamcrest 一节中还介绍了如何实现自定义的匹配器。

第 8 章首先介绍 TestNG 的测试报告（包含内置测试报告和自定义测试报告），然后介绍了目前流行的两个第三方测试报告框架 Extent Reporting 和 Allure，最后介绍了如何实现邮件发送客户端及发送测试报告。

第 9 章详细介绍了测试替身，测试替身分为 Dummy、Stub、Spy、Mock 和 Fake 这 5 种，对于自动化测试而言，最常用的是 Mock，因此在 Mock 一节中详细介绍了其在单元测试、HTTP 接口测试和 Dubbo 接口测试中的运用。

第 10 章介绍了多种方法用于提高自动化测试的执行效率，包括使用无头浏览器、TestNG 或 JUnit 进行并行执行和使用 Selenium Grid 进行分布式执行。

第 11 章首先对持续集成、持续交付和持续部署的概念进行陈述，然后使用流行的开源工具 Jenkins 介绍如何实现持续集成、持续交付和持续部署，最后介绍了一些其他常用实践，包括邮件通知、多节点构建和集成第三方测试报告。

第 12 章简述了本书未涉及的一些前沿领域，包含自动化测试平台、容器化和人工智能。

本书既不讲编程语言，也不讲自动化测试的基础，而是通过实际的自动化测试用例来提炼当前自动化测试领域的热门主题，并以主题形式贯穿全书。其中的知识点对提高自动测试的建设效率、执行效率和维护效率均有较大的指导意义。

本书适合有一定编程语言和自动化测试基础的中高级测试工程师、自动化测试工程师、测试开发工程师以及自动化测试管理者阅读。

- 对于中高级测试工程师：具备一定的编程语言和自动化测试基础，可通过本书提高自动化测试能力。
- 对于自动化测试工程师：通过本书可更加深入地掌握自动化测试，摆脱只会编写自动化测试用例的初级水平。
- 对于测试开发工程师：可参考本书中的一些设计思想和理念，以便搭建更好的自动化测试框架。
- 对于自动化测试管理者：了解自动化测试实施过程中的常见问题及解决方案，为自动化测试实际项目落地提供帮助。

本书的编写及出版离不开大家的支持和帮助，笔者在此一一表达谢意。

感谢妻子的理解和支持，让我能全身心地编写本书。

感谢“老大”（陈恒骥）给我进入软件测试行业的机会，如果没有这个机会，我不可能在这个行业走得这么远。

感谢编辑秦菲的耐心指导，让本书得以顺利出版。

由于笔者水平有限，书中难免有不足之处，恳请读者批评指正。您可通过微信公众号（自动化测试理论和实战）联系我，谢谢！另外，您还可以在我的 GitHub（https://github.com/lujiatao2）中找到本书的示例源代码，或关注机械工业出版社计算机分社官方微信订阅号——IT 有得聊，回复 67316 获取。

卢家涛

2020 年 11 月 4 日

目　录

第1章　引　　例

1.1　部署示例应用程序

为了完成本书的示例，首先需要部署一个由笔者开发的示例应用程序——库存管理系统（Inventory Management System，IMS）。IMS是一个基于Dubbo、MyBatis、Spring Boot、Vue.js和Element的Web应用程序，本书中的大部分示例将会使用它作为被测应用程序。

1.1.1　安装JRE

当阅读本书时，读者需要具备一定的Java编程能力，因此JRE的安装这里就不再赘述。需要说明的是，由于笔者使用的JRE版本为9.0.4，因此建议读者使用的JRE版本不要低于9.0.4，否则可能会出现不兼容的情况。

1.1.2　安装H2

由于IMS是一个示例应用程序，因此笔者使用了轻量级的H2数据库。要安装H2数据库，首先需要下载其安装文件，下载地址为https://h2database.com/h2-setup-2019-10-14.exe。然后双击"h2-setup-2019-10-14.exe"文件，并根据安装向导的提示完成H2数据库安装。最后单击"H2 Console"开始菜单，启动H2数据库的服务器，此时会自动打开浏览器并载入H2数据库的Web控制台，如图1-1所示。关闭控制台不影响H2数据库服务器的运行。

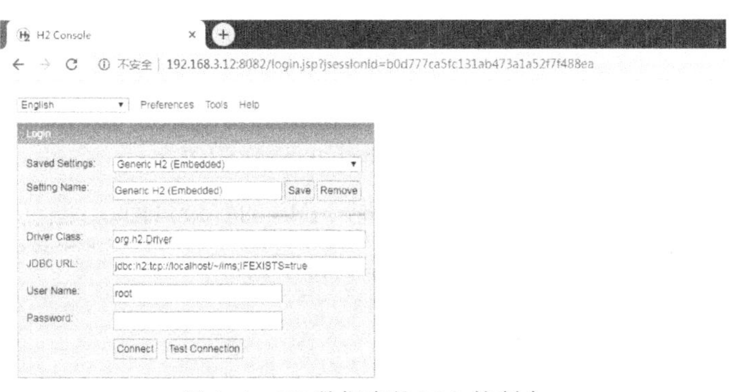

图1-1　H2数据库的Web控制台

1.1.3 安装 ZooKeeper

由于 IMS 使用了 Dubbo 作为服务间通信的框架，因此需要使用到注册中心。笔者使用 ZooKeeper 作为 IMS 的注册中心。

首先下载 ZooKeeper 压缩文件，下载地址为 https://downloads.apache.org/zookeeper/zookeeper-3.6.0/apache-zookeeper-3.6.0-bin.tar.gz。然后解压“apache-zookeeper-3.6.0-bin.tar.gz”文件到指定目录，笔者解压到了“D:\Program Files”目录，读者可根据实际情况进行修改。进入“D:\Program Files\apache-zookeeper-3.6.0-bin\conf”目录，重命名“zoo_sample.cfg”文件为“zoo.cfg”。打开“zoo.cfg”文件，在文件末尾追加以下内容。

```
admin.serverPort=8001
```

以上配置将 ZooKeeper 服务运行端口设置为 8001，读者可根据实际情况将端口设置为其他值。

最后进入“D:\Program Files\apache-zookeeper-3.6.0-bin\bin”目录，双击“zkServer.cmd”文件即可启动 ZooKeeper 服务。

1.1.4 启动示例应用程序

IMS 分为 IMS Server 和 IMS Web 两个服务，IMS Server 作为服务提供者向 IMS Web 提供 Dubbo 接口，而 IMS Web 作为服务消费者调用 IMS Server 的 Dubbo 接口。

首先下载 IMS Server 和 IMS Web 到指定目录。下载地址为 https://github.com/lujiatao2/ims/releases/download/1.0-SNAPSHOT/ims-server-1.0-SNAPSHOT.jar 和 https://github.com/lujiatao2/ims/releases/download/1.0-SNAPSHOT/ims-web-1.0-SNAPSHOT.jar。笔者将“ims-server-1.0-SNAPSHOT.jar”和“ims-web-1.0-SNAPSHOT.jar”文件下载到了 E 盘根目录，读者可根据实际情况进行修改。

然后执行以下命令启动 IMS Server。

```
java -jar E:\ims-server-1.0-SNAPSHOT.jar
```

待 IMS Server 启动成功，再执行以下命令启动 IMS Web。

```
java -jar E:\ims-web-1.0-SNAPSHOT.jar
```

待 IMS Web 启动成功，访问以下地址即可进入 IMS 的登录页面。

```
http://localhost:9002/login
```

至此，示例应用程序部署完成。

1.2　一个例子引发的思考

1.2.1　准备

使用 IDE（笔者使用的是 IntelliJ IDEA）创建一个 Maven 工程，并在其 pom.xml 文件中加入 TestNG 和 Selenium 的依赖，如下所示。

```
<dependencies>
    <dependency>
        <groupId>org.testng</groupId>
        <artifactId>testng</artifactId>
        <version>7.1.0</version>
    </dependency>
    <dependency>
        <groupId>org.seleniumhq.selenium</groupId>
        <artifactId>selenium-java</artifactId>
        <version>3.141.59</version>
    </dependency>
</dependencies>
```

再创建一个 Maven 模块用于存放本章的示例代码。

笔者创建的 Maven 工程名为“automated-testing-advanced”，Maven 模块名为“chapter-01”，读者可根据实际情况命名为其他名称。

另外，笔者将在后续每章创建一个 Maven 模块，并依次命名为“chapter-02”“chapter-03”等。

1.2.2　编写登录测试用例

以 Chrome 浏览器为例，以下是一个登录 IMS 的自动化测试用例。

```
package com.lujiatao.c01;

import org.openqa.selenium.chrome.ChromeDriver;
import org.testng.annotations.Test;

import java.util.concurrent.TimeUnit;
```

```
import static org.testng.Assert.assertEquals;

public class Login {

    @Test(description = "登录成功")
    public void testCase_001() throws InterruptedException {
        ChromeDriver driver = new ChromeDriver();
        driver.get("http://localhost:9002/login");
        driver.findElementByCssSelector("input[type='text']").sendKeys("zhangsan");
        driver.findElementByCssSelector("input[type='password']").sendKeys("zhangsan
123456");
        driver.findElementByClassName("el-button").click();
        TimeUnit.SECONDS.sleep(3);
        assertEquals(driver.findElementByCssSelector("#nav > div:nth-child(2) > span").
getText(), "zhangsan");
    }

}
```

以上测试用例由打开登录页面、输入用户名、输入密码、单击登录按钮和校验结果等步骤组成，是一种“线性化”的测试用例组织形式，其类似于使用工具直接录制生成的代码。

1.2.3 如何优化测试用例

1.2.2 节的登录测试用例粗略看起来没有任何问题，但仔细琢磨之后，其存在以下缺点。

（1）代码复用率低

对 IMS 的所有操作都必须建立在已登录的条件下，如果每个操作都需要编写登录代码，那么将产生大量的重复代码，因此代码复用率低。另外，一旦登录逻辑改变（比如：增加验证码）则需要修改所有测试用例，测试用例的维护工作量很大。第 2、4 和 5 章将会探讨多种方案来提高代码复用率、降低维护工作量。

（2）数据之间存在耦合

测试数据被硬编码在了代码中，如果换一个用户或换一个测试环境（即换一个 IP 地址或端口号）都需要重新修改代码，因此数据耦合也不利于测试用例的维护。第 3 章将介绍使用数据驱动测试的方法来对数据进行解耦。

（3）硬编码的等待时间不合理

为了防止首页还未加载成功就开始查找元素，从而导致抛出 NoSuchElementException 异常，因此测试用例中加入了 3 s 的等待时间。但是问题是：假如 1 s 就登录成功了，那么白白浪费了 2 s；假如 5 s 才登录成功，显然等待的时间还不够，测试用例仍然会执行失败。第 6 章将介绍更为合理的等待方式。

（4）断言的可读性差

虽然 TestNG 的断言功能非常强大，但是可读性差。比如用例中的断言方法有两个参数，哪个参数是期望结果，哪个参数又是实际结果，并不是一目了然的。第 7 章将介绍多种断言方式，建议使用其中可读性好的断言方式。

（5）没有测试报告

默认情况下，使用 IDE 执行 TestNG 测试用例是不生成测试报告的，仅仅在控制台显示测试结果，但即使使用了 TestNG 的测试报告，其无论从信息量还是美观度来说都显得差强人意。第 8 章将介绍多种测试报告。

除了以上显而易见的缺点外，还有几个方面是需要在自动化测试的实施过程中考虑的。

（1）测试替身

当测试依赖不存在、不完整、不稳定或受限（调用次数、调用频率或费用限制）时，可以使用测试替身来简化测试工作。第 9 章将介绍 5 种测试替身，并重点介绍 Mock。

（2）执行效率

当测试用例达到一定规模时，其执行的效率高低变得至关重要，因为如果不能在较短的时间内反馈测试结果，那么自动化测试存在的价值将会受到质疑。第 10 章将介绍提高执行效率的多种方案。

（3）持续集成、持续交付和持续部署

持续集成、持续交付和持续部署已经成为当今软件开发生命周期中不可或缺的一部分。第 11 章将介绍自动化测试是如何融入这个过程的。

第2章 测试用例分层

在自动化测试框架的发展历程中，有两种基于测试用例分层思想的框架——模块化和函数库。本章会依次介绍模块化和函数库，最后会介绍如何进行精细化测试用例的分层。

2.1 模块化

模块化即将测试用例中的公共部分抽离出来供其他测试用例调用。被模块化的公共部分可以单独维护，这样可以大大降低维护的工作量。

2.1.1 初步模块化

针对第1章的登录测试用例，可以抽离出3个公共部分：建立会话、登录和断开会话。

1. 建立会话

在使用ChromeDriver类的构造方法创建一个ChromeDriver对象时，实际上是与chromedriver.exe建立了一个会话。如果测试代码对浏览器有多个操作，那么没必要在每个操作之前都建立一个会话，只需要保证建立一个会话，后续操作都携带该会话的会话ID即可。因此建立会话属于公共部分，可以被抽离出来。

```
public ChromeDriver createChromeDriver() {
    return new ChromeDriver();
}
```

然后调用该方法创建一个ChromeDriver对象，即建立一个会话。

```
ChromeDriver driver = createChromeDriver();
```

读者可能认为该公共部分只有一行代码，还不如不抽离。以登录测试用例为例，这样的抽离的确没有发挥作用，反倒是增加了代码量。

由于建立会话属于初始化操作，结合TestNG的测试用例生命周期，更好的解决方法是将创建ChromeDriver对象的代码放在@BeforeClass注解修饰的初始化方法中，并定义一个ChromeDriver类型的字段。

```
public ChromeDriver driver;

@BeforeClass
public void setUpAll() {
    driver = new ChromeDriver();
}
```

这样在同一个测试类中的多个测试方法便可以共享这个会话，达到抽离公共部分的目的。

2. 登录

如果需要在 IMS 系统中进行各种操作，那么需要先进行登录。这样的分析似乎应该将登录与建立会话一起被放在初始化方法中，但如果对登录功能本身做测试时，就需要覆盖不同的登录场景（如登录成功或登录失败），因此更为合理的方式是将登录单独抽离成方法。

```
public void loginSuccess() throws InterruptedException {
    driver.get("http://localhost:9002/login");
    driver.findElementByCssSelector("input[type='text']").sendKeys("zhangsan");
    driver.findElementByCssSelector("input[type='password']").sendKeys("zhangsan123456");
    driver.findElementByClassName("el-button").click();
    TimeUnit.SECONDS.sleep(3);
    assertEquals(driver.findElementByCssSelector("#nav > div:nth-child(2) > span").get-
Text(), "zhangsan");
}
```

测试方法直接调用该方法即可。

```
@Test(description = "登录成功")
public void testCase_001() throws InterruptedException {
    loginSuccess();
}
```

如果有另一个测试类需要登录操作，那么可以直接调用该测试类的登录方法即可实现登录，不需要重复编写代码。

3. 断开会话

与建立会话相反，断开会话应该属于清理操作，放在@ AfterClass 注解修饰的清理方法中更为合理。

```
@AfterClass
public void tearDownAll() {
```

```
        driver.quit();
    }
```

这样同一个测试类中的所有测试方法执行完成后才会断开会话，达到了会话共享的目的。

2.1.2 进一步优化

经过初步模块化后的测试用例代码看起来结构更为清晰，但仍然存在以下问题。

1）每个测试类都需要编写初始化和清理方法来建立和断开会话。

2）登录方法中的用户输入部分（即用户名和密码）被硬编码在代码中，如果换一个用户登录则需要修改登录方法，这样会使登录方法的复用效率大打折扣。

3）测试类应该注重测试本身，而不是对外提供服务（即登录服务）。确切地讲，一个新测试类只有导入上述测试类中的登录方法或继承上述测试类才能达到代码复用的目的，这种方式增加了测试类之间的耦合性。

以下依次提供上述问题的解决方案。

1. 通过继承复用初始化和清理方法

TestNG 中@ BeforeClass 注解和@ AfterClass 注解修饰的方法是可以被继承的，子类中如果也有@ BeforeClass 注解和@ AfterClass 注解修饰的方法，那么会先执行父类的@ BeforeClass 注解修饰的方法，后执行父类的@ AfterClass 注解修饰的方法。

首先定义一个抽象基类，代码如下。

```
package com.lujiatao.c02;

import org.openqa.selenium.chrome.ChromeDriver;
import org.testng.annotations.AfterClass;
import org.testng.annotations.BeforeClass;

public abstract class AbstractTestClass {

    public ChromeDriver driver;

    @BeforeClass
    public void setUpAll() {
        driver = new ChromeDriver();
    }

    @AfterClass
    public void tearDownAll() {
```

```
        driver.quit();
    }

}
```

然后测试类继承该抽象基类便可复用初始化和清理操作。

```
//省略 package 和 import 语句

public class Login extends AbstractTestClass {

    //省略其他代码

}
```

2. 通过传参来实现动态输入用户名和密码

给登录方法增加形参用来接收用户名和密码，这样便可达到动态输入用户名和密码的目的。

```
public void loginSuccess(String username, String password) throws InterruptedException {
    driver.get("http://localhost:9002/login");
    driver.findElementByCssSelector("input[type='text']").sendKeys(username);
    driver.findElementByCssSelector("input[type='password']").sendKeys(password);
    driver.findElementByClassName("el-button").click();
    TimeUnit.SECONDS.sleep(3);
    assertEquals(driver.findElementByCssSelector("#nav > div:nth-child(2) > span").getText(), username);
}
```

请注意以上断言中的预期结果也被修改为了变量（即 username）。

经过以上改造后，测试方法可以使用不同的用户名和密码来登录，且不需要修改登录方法。

```
@Test(description = "登录成功")
public void testCase_001() throws InterruptedException {
    loginSuccess("zhangsan", "zhangsan123456");
    loginSuccess("lisi", "lisi123456");
}
```

3. 将登录封装到单独的类中

想要避免测试类之间的相互耦合，将公共部分单独封装到一个类中不失为一个好的选择。

```
package com.lujiatao.c02;

import org.openqa.selenium.chrome.ChromeDriver;

import java.util.concurrent.TimeUnit;

import static org.testng.Assert.assertEquals;

public class LoginLogic {

    public void loginSuccess(ChromeDriver driver, String username, String password) throws InterruptedException {
        driver.get("http://localhost:9002/login");
        driver.findElementByCssSelector("input[type='text']").sendKeys(username);
        driver.findElementByCssSelector("input[type='password']").sendKeys(password);
        driver.findElementByClassName("el-button").click();
        TimeUnit.SECONDS.sleep(3);
        assertEquals(driver.findElementByCssSelector("#nav > div:nth-child(2) > span").getText(), username);
    }

}
```

请注意这种方式需要在登录方法中加入 ChromeDriver 类型的形参，在调用该方法时需要传入一个 ChromeDriver 对象。

测试类只要拥有 LoginLogic 类的对象便可使用登录方法。

```
@Test(description = "登录成功")
public void testCase_001() throws InterruptedException {
    LoginLogic loginLogic = new LoginLogic();
    loginLogic.loginSuccess(driver, "zhangsan", "zhangsan123456");
}
```

也可将登录方法定义为静态方法，代码如下。

```
//省略 package 和 import 语句

public class LoginLogic {

    public static void loginSuccess(ChromeDriver driver, String username, String password) throws InterruptedException {
        //省略其他代码
```

```
    }

}
```

这样测试类不需要拥有 LoginLogic 实例，只需要静态导入即可使用登录方法：

```
package com.lujiatao.c02;

import org.testng.annotations.Test;

import static com.lujiatao.c02.LoginLogic.loginSuccess;

public class Login extends AbstractTestClass {

    @Test(description = "登录成功")
    public void testCase_001() throws InterruptedException {
        loginSuccess(driver, "zhangsan", "zhangsan123456");
    }

}
```

对比第 1 章的登录测试用例，当前测试方法已经被简化为只有一行代码了。

总结一下，本节使用模块化方式将测试用例分成了 3 层。

1）公共函数层：公共方法的封装，该部分代码与具体业务无关，适用于所有项目。对应本节的 AbstractTestClass 类。

2）业务函数层：业务方法的封装，该部分代码与具体业务有关，仅适用于当前项目。对应本节的 LoginLogic 类。

3）测试用例层：测试用例的封装，该部分代码为具体的测试用例。对应本节的 Login 测试类。

2.2 函数库

看似模块化已经解决了代码复用率低的问题，为什么还要使用函数库呢？先来看看以下两个问题。

1）公司有多个 Web 项目，每个 Web 项目均可使用公共函数层的封装，如何在不同项目之间共享呢？

2）IMS 项目为库存管理系统，假设销售系统需要和 IMS 交互，比如这样一个场景：销售系统销售一个物品后，需要查看 IMS 中的该物品是否为出库状态。这个场景不可避免地要登录 IMS，并做相关物品库存状态的校验操作。也就是说，业务函数层的封装也应该是可跨项目共享的。那么应该如何共享呢？

对于以上两个问题，读者可能会认为直接复制就行了，这的确是一种解决方式，但并不是最好的。假设一个测试项目需要依赖多个公共函数层和业务函数层的封装，并且公共函数层和业务函数层的代码还在不停地变更，这样通过复制的方式就很难保证项目的完整性和时效性。

更好的方式是将可跨项目共享的代码单独打包供不同测试项目引入和使用，这些被单独打包的代码称为函数库。

2.2.1 使用 Maven 私有仓库

当测试项目依赖某个函数库时，这个函数库就称为该测试项目的依赖包。公司内部大多架设 Maven 私有仓库来跨项目共享依赖包。

Maven 私有仓库只是一个角色，Nexus、Artifactory 和 Archiva 等都可以充当该角色。Nexus 是 Maven 私有仓库中使用最广泛的一个，本节笔者也使用 Nexus 来介绍函数库的共享。

Nexus 分 OSS 版和 Professional 版，OSS 为免费版本，因此笔者使用的是 Nexus OSS（以下简称 Nexus）版本。Nexus 的搭建方法请自行查阅相关资料，这里重点介绍需要设置的地方。

考虑到下载速度，最好将公共仓库设置为国内的。这里将 maven-central 中的“Remote storage”设置为阿里云 Maven 仓库，地址为 http://maven.aliyun.com/nexus/content/groups/public/。如图 2-1 所示，这样所有 Maven 的工程可通过 Nexus 连接到阿里云 Maven 仓库，从阿里云 Maven 仓库下载的依赖包会存储在 Nexus 中，以后其他 Maven 项目也需要该依赖包时直接从 Nexus 下载即可。

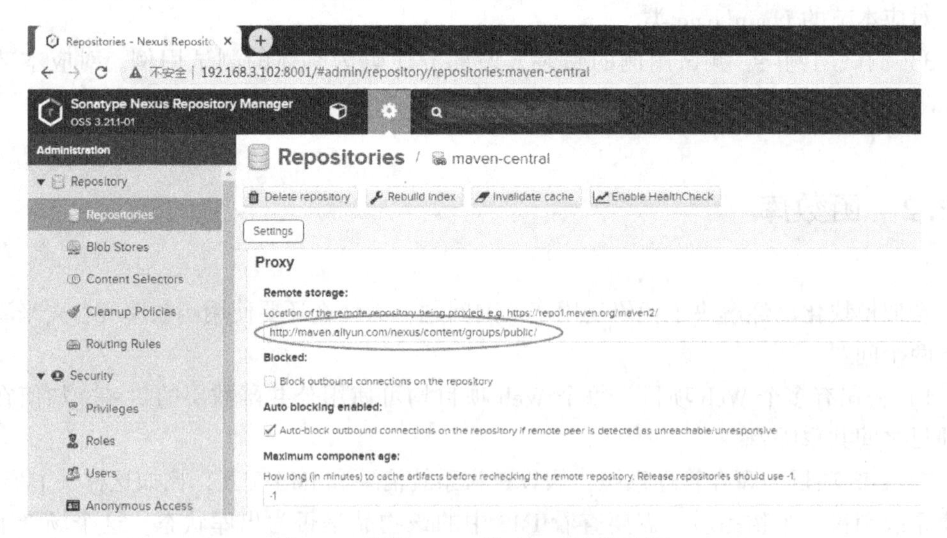

图 2-1 配置 Nexus 的 Maven 仓库地址

2.2.2 发布函数库

编写函数库的测试人员需要将函数库发布到 Maven 私有仓库，以便供其他测试人员使用。

1. 配置 Maven

配置 Maven 需要配置本地的 settings. xml 文件及 Maven 工程的 pom. xml 文件。本地的 settings. xml 文件内容如下。

```
<?xml version="1.0" encoding="UTF-8" ?>
<settings xmlns="http://maven.apache.org/SETTINGS/1.0.0"
          xmlns:xsi="http://www.w3.org/2001/XMLSchema-instance"
          xsi:schemaLocation="http://maven.apache.org/SETTINGS/1.0.0 http://
maven.apache.org/xsd/settings-1.0.0.xsd">

    <mirrors>
        <mirror>
            <id>releases</id>
            <mirrorOf>*</mirrorOf>
            <url>http://yourip:yourport/repository/maven-public/</url>
        </mirror>
        <mirror>
            <id>snapshots</id>
            <mirrorOf>*</mirrorOf>
            <url>http://yourip:yourport/repository/maven-public/</url>
        </mirror>
    </mirrors>

    <profiles>
        <profile>
            <id>yourprofileid</id>
            <repositories>
                <repository>
                    <id>releases</id>
                    <url>http://yourip:yourport/repository/maven-public/</url>
                    <releases>
                        <enabled>true</enabled>
                    </releases>
                    <snapshots>
```

```
                <enabled>false</enabled>
            </snapshots>
        </repository>
        <repository>
            <id>snapshots</id>
            <url>http://yourip:yourport/repository/maven-public/</url>
            <releases>
                <enabled>false</enabled>
            </releases>
            <snapshots>
                <enabled>true</enabled>
            </snapshots>
        </repository>
    </repositories>
    <pluginRepositories>
        <pluginRepository>
            <id>releases</id>
            <url>http://yourip:yourport/repository/maven-public/</url>
            <releases>
                <enabled>true</enabled>
            </releases>
            <snapshots>
                <enabled>false</enabled>
            </snapshots>
        </pluginRepository>
        <pluginRepository>
            <id>snapshots</id>
            <url>http://yourip:yourport/repository/maven-public/</url>
            <releases>
                <enabled>false</enabled>
            </releases>
            <snapshots>
                <enabled>true</enabled>
            </snapshots>
        </pluginRepository>
    </pluginRepositories>
    <properties>
        <maven.compiler.source>1.9</maven.compiler.source>
        <maven.compiler.target>1.9</maven.compiler.target>
        <maven.compiler.compilerVersion>1.9</maven.compiler.compilerVersion>
    </properties>
```

```
        </profile>
    </profiles>

    <activeProfiles>
        <activeProfile>yourprofileid</activeProfile>
    </activeProfiles>

    <servers>
        <server>
            <id>releases</id>
            <username>yourusername</username>
            <password>yourpassword</password>
        </server>
        <server>
            <id>snapshots</id>
            <username>yourusername</username>
            <password>yourpassword</password>
        </server>
    </servers>

</settings>
```

对以上配置的解释如下。

<mirrors>标签中配置仓库地址，<mirrorOf>标签中使用星号（*）代表拦截所有仓库类型，即将所有依赖的正式版本和快照版本均指向了 Nexus 的地址。

<profiles>支持配置多个<profile>，以便切换不同的配置。<repositories>和<pluginRepositories>标签分别用于配置依赖包和依赖插件的仓库地址。<repository>和<pluginRepository>标签中的 ID 必须匹配<servers>标签中的 Server ID。<enabled>标签用于控制是否可从该仓库下载正式版和快照版的依赖包。<properties>标签中配置了 Maven 编译使用的 JDK 版本。

<activeProfiles>标签用于设置需要激活的配置。<activeProfile>标签中的 ID 必须与<profile>中的 ID 匹配。

<servers>标签中用于配置仓库的用户名和密码，其中的 Server ID 必须与<mirrors>标签中的 Mirror ID 匹配。

Maven 工程的 pom. xml 文件新增以下内容。

```
<distributionManagement>
    <repository>
        <id>releases</id>
        <url>http://yourip:yourport/repository/maven-releases/</url>
```

```
        </repository>
        <snapshotRepository>
            <id>snapshots</id>
            <url>http://yourip:yourport/repository/maven-snapshots/</url>
        </snapshotRepository>
    </distributionManagement>
```

<distributionManagement>标签用于配置仓库地址。具体来说<repository>标签用于配置正式版本的仓库地址，而<snapshotRepository>标签则用于配置快照版本的仓库地址。它们中的 ID 必须与 settings. xml 文件<servers>标签中的 Server ID 匹配。

以上配置文件中的 yourip、yourport、yourprofileid、yourusername 和 yourpassword 需根据实际情况进行替换。

2. 调整项目结构

在 chapter-02 模块中再新建 3 个 Maven 模块，即 common、business 和 testcase，如图 2-2 所示。

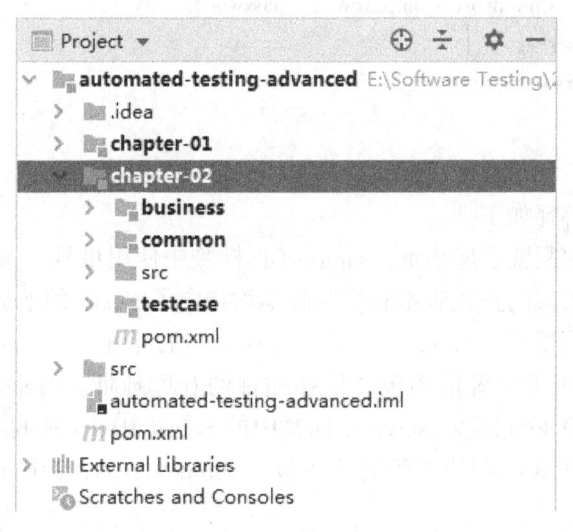

图 2-2 chapter-02 模块结构

将 AbstractTestClass、LoginLogic 和 Login 类分别移动到 common、business 和 testcase 模块中。根据规范，测试代码（本节中的 Login 类）放在/src/test/java 目录，非测试代码（本节中的 AbstractTestClass 和 LoginLogic 类）放在/src/main/java 目录。

3. 发布函数库到 Maven 私有仓库

依次执行以下命令将 common 和 business 函数库发布到 Nexus。

```
mvn clean deploy -pl chapter-02\common -am
```

```
mvn clean deploy -pl chapter-02\business
```

以上命令中的“-am”表示打包依赖的父级模块，因此打包后会多出 automated-testing-advanced 和 chapter-02，加上本身的 common 和 business 一共 4 个函数库被打包并发布到了 Nexus，如图 2-3 所示。

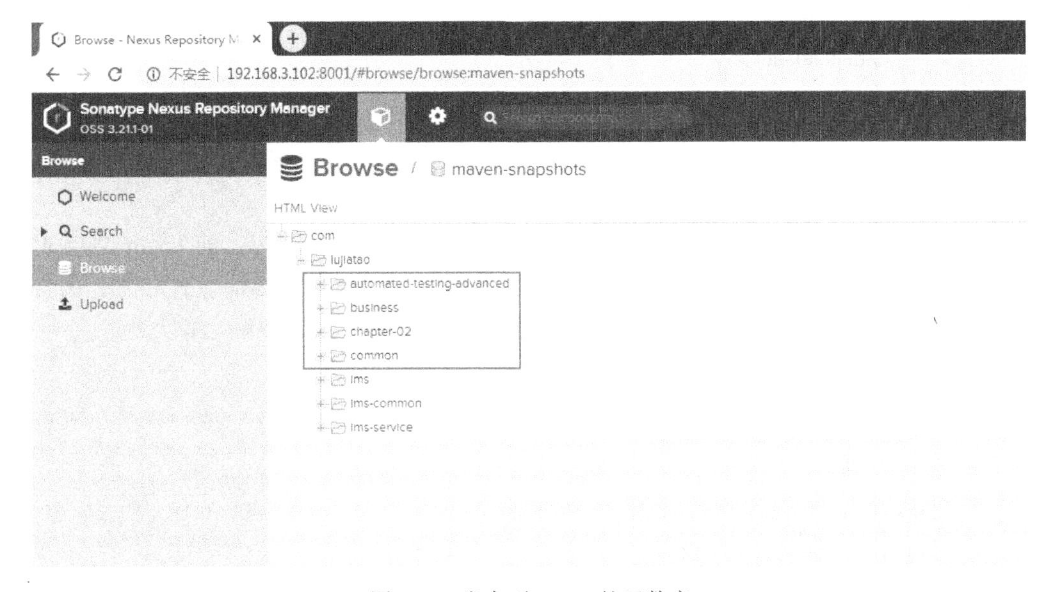

图 2-3 发布到 Nexus 的函数库

新建工程或模块时，默认的版本号后缀为“-SNAPSHOT”，因此会发布到 Nexus 的 maven-snapshots 仓库，如需发布到 maven-releases 仓库，去掉该后缀即可。

注意： 如果修改了函数库的代码，但是不修改版本号，默认情况下是无法重复发布到 maven-releases 仓库的，不过可以在 Nexus 中将发布策略设置为“Allow redeploy”取消该限制，但一般不建议这么做，因为不同的代码使用同样的版本号并不是一种规范的版本管理方式。

2.2.3 使用函数库

由于测试用例需要依赖公共函数库和业务函数库，因此 testcase 模块是函数库的使用方。

首先在 testcase 模块的 pom.xml 文件中加入以下依赖，加入后 Maven 会自动引入这些依赖包到模块中。

```
<dependencies>
    <dependency>
        <groupId>com.lujiatao</groupId>
        <artifactId>common</artifactId>
```

```
            <version>1.0-SNAPSHOT</version>
        </dependency>
        <dependency>
            <groupId>com.lujiatao</groupId>
            <artifactId>business</artifactId>
            <version>1.0-SNAPSHOT</version>
        </dependency>
    </dependencies>
```

请注意，以上的 GAV（groupId、artifactId 和 version）值为笔者设置的，读者需根据实际情况进行替换。

然后在 Login 类中导入 AbstractTestClass 类，因为调整项目结构之前 Login 类与 AbstractTestClass 类处于同一个包中，因此不需要显式导入，而此时必须显式导入。另外，需要重新导入登录方法，因为它所在的包已经改变了。

修改后的 Login 类如下所示。

```
package com.lujiatao.testcase;

import com.lujiatao.common.AbstractTestClass;
import org.testng.annotations.Test;

import static com.lujiatao.business.LoginLogic.loginSuccess;

public class Login extends AbstractTestClass {

    //省略其他代码

}
```

注意：出于便捷考虑，示例中将公共函数库和业务函数库放在了同一个工程里，在实际项目中应该把公共函数库单独放在一个工程中。这样做之后，不管是逻辑上还是物理上都达到了解耦的目的。

至此，本节在模块化的基础上实现了函数库的共享，这对测试用例分层具有更实际的意义。

2.3 精细化测试用例分层

对于大型的测试项目，一个项目可能包含多个大模块，而一个大模块又包含多个小模块。这种情况下应该采用更精细化的业务函数分层策略。

1）项目级业务函数层：适用于当前测试项目，在多个大模块中复用。

2）模块级业务函数层：适用于当前大模块，在多个小模块中复用。

3）用例级业务函数层：适用于当前小模块，在多个测试用例中复用。

通过这种精细化分层方式后，整个大型测试项目的测试用例层次结构更为合理和清晰。

以上只是一种精细化分层策略的示例。读者应该结合项目的实际情况来使用适合自己当前项目的分层策略，切忌生搬硬套。

第3章　数据驱动测试

数据驱动测试（Data-Driven Testing，DDT）是一种将数据和测试用例分开、解耦的测试方法。在自动化测试中，通常使用自动化测试框架的参数化功能，再配合数据源实现数据驱动测试。

本章先介绍 TestNG 和 JUnit 的参数化测试方法，再介绍使用不同的数据源作为数据载体。

3.1　TestNG 参数化测试

3.1.1　使用@DataProvider 注解

@DataProvider 注解用于给测试方法提供测试数据，被@DataProvider 注解修饰的方法称为数据提供者，它可以与测试方法在同一个类中，也可以在不同类中。@DataProvider 注解的 name 属性指定数据提供者的名称（默认为空字符串）；parallel 属性指定引用该数据提供者的测试方法是否并行执行（默认为否）；indices 属性指定需要使用该数据提供者中哪些索引对应的数据（默认为全部）。

1. 数据提供者与测试方法在同一个类中

仍然以登录测试用例为例，首先新建一个数据提供者，代码如下。

```
@DataProvider(name = "forTestCase_001")
public Object[][] testData_001() {
    return new Object[][]{
            new Object[]{"zhangsan", "zhangsan123456"},
            new Object[]{"lisi", "lisi123456"}
    };
}
```

请注意@DataProvider 修饰的方法仅支持 Object[]、Object[][]、Iterator<Object>或Iterator<Object[]>作为返回类型。上述代码中的 Object[][]第一维表示测试的次数，第二维表示每次测试的数据。

然后给@Test 注解指定 dataProvider 属性值（与@DataProvider 注解中的 name 属性

值对应)，并将用户名和密码改成传参的方式。修改后的测试方法如下所示。

```
@Test(description = "登录成功", dataProvider = "forTestCase_001")
public void testCase_001(String username, String password) throws InterruptedException {
    ChromeDriver driver = new ChromeDriver();
    driver.get("http://localhost:9002/login");
    driver.findElementByCssSelector("input[type='text']").sendKeys(username);
    driver.findElementByCssSelector("input[type='password']").sendKeys(password);
    driver.findElementByClassName("el-button").click();
    TimeUnit.SECONDS.sleep(3);
    assertEquals(driver.findElementByCssSelector("#nav > div:nth-child(2) > span").getText(),
username);
    driver.quit();
}
```

接下来运行该测试方法，可观察到测试方法使用数据提供者提供的数据执行了两次测试。

数据提供者可省略指定 name 属性值，省略后测试方法需使用数据提供者的方法名来引用数据。

```
@Test(description = "登录成功", dataProvider = "testData_001")
public void testCase_001(String username, String password) throws InterruptedException {
    //省略其他代码
}
```

可使用并行执行减少测试时间，只需将数据提供者的 parallel 属性值指定为 true 即可。

```
@DataProvider(name = "forTestCase_001", parallel = true)
public Object[][] testData_001() {
    //省略其他代码
}
```

现在执行测试方法，此时可以看到同时打开了两个浏览器窗口，并同时进行登录操作。

另外可以指定数据提供者的 indices 属性值来限制哪些数据可以用来测试。

```
@DataProvider(name = "forTestCase_001", indices = 1)
public Object[][] testData_001() {
    //省略其他代码
}
```

进行上述配置后，测试方法将只会使用索引为 1 的参数（即第 2 组参数）进行测试。

2. 数据提供者与测试方法在不同类中

数据提供者与测试方法在不同类中时，需要在@ Test 注解中指定 dataProviderClass 属性。

首先新建一个名为 DataProviderClass 的类，该类包含一个数据提供者。

```
package com.lujiatao.c03.testng;

import org.testng.annotations.DataProvider;

public class DataProviderClass {

    @DataProvider(name = "forTestCase_001")
    public Object[][] testData_001() {
        return new Object[][]{
                new Object[]{"zhangsan", "zhangsan123456"},
                new Object[]{"lisi", "lisi123456"}
        };
    }

}
```

然后测试方法增加 dataProviderClass 属性即可使用该数据提供者。

```
@Test(description = "登录成功", dataProvider = "forTestCase_001", dataProviderClass =
DataProviderClass.class)
public void testCase_001(String username, String password) throws InterruptedException {
    //省略其他代码
}
```

再次执行测试方法，执行结果与前面一致。

3.1.2 使用@Parameters 注解

@ Parameters 注解用于给测试方法提供测试参数，需配合 XML 的<parameter>标签或 YAML 的 parameters 来使用。@ Parameters 注解的 value 属性指定参数名。

1. 配合 XML 的<parameter>标签使用

首先改造测试方法，去掉 3.1.1 节@ Test 中的 dataProvider 和 dataProviderClass 属性，新增@ Parameters 注解，并提供 value 属性值。

```
@Test(description = "登录成功")
```

```
@Parameters({"username", "password"})
public void testCase_001(String username, String password) throws InterruptedException {
    //省略其他代码
}
```

然后在模块根目录增加 testng. xml 文件，文件内容如下所示。

```
<!DOCTYPE suite SYSTEM "http://testng.org/testng-1.0.dtd" >
<suite name="Suite">
    <test name="Test">
        <parameter name="username" value="zhangsan" />
        <parameter name="password" value="zhangsan123456" />
        <classes>
            <class name="com.lujiatao.c03.testng.Login" />
        </classes>
    </test>
</suite>
```

testng. xml 文件使用了 testng-1. 0. dtd 作为模板，关于 DTD 的语法，有兴趣的读者可自行查询相关资料进行了解。

接下来通过 testng. xml 文件来执行 TestNG 测试用例，可观察到测试用例正常登录了 IMS。

@ Parameters 注解除了可以修饰测试方法外，还可以修饰构造方法。当@ Parameters 修饰构造方法时，一般用于初始化类变量，如果有多个测试方法需要共用参数，这样做就比较方便了。

```
//省略 package 和 import 语句

public class Login {

    private String username;
    private String password;

    @Parameters({"username", "password"})
    public Login(String username, String password) {
        this.username = username;
        this.password = password;
    }

    @Test(description = "登录成功")
    public void testCase_001() throws InterruptedException {
        //省略其他代码
```

```
    }

}
```

请注意此时 test Case_001 测试方法中的形参被取消了，因为需要共用类变量。

2. 配合 YAML 的 parameters 使用

YAML 的语法相比 XML 更为简洁，它在许多项目的配置文件中被广泛使用。在模块根目录增加 testng. yaml 文件，文件内容如下所示。

```
name : Suite
tests :
  - name : Test
    parameters : { username : zhangsan, password : zhangsan123456 }
    classes :
      - com. lujiatao. c03. testng. Login
```

请注意参数的写法是以键-值对的形式出现，多个参数以逗号分隔。
使用 testng. yaml 文件执行 TestNG 测试用例的效果与使用 testng. xml 文件一致。

3. 1. 3　使用@ Factory 注解

被@ Factory 注解修饰的方法返回值类型为 Object[ ]，该数组的元素为测试类的实例，因此@ Factory 适用于给测试类动态传递参数。@ Factory 注解的 dataProvider 和 dataProviderClass 属性表示@ Factory 注解可结合数据提供者来使用；enabled 属性指定是否启用该@ Factory（默认为 true）注解修饰的工厂方法；indices 属性指定需要使用哪些索引对应的测试类（默认为全部）。

首先新增一个 FactoryClass 类，代码如下。

```
package com. lujiatao. c03. testng;

import org. testng. annotations. Factory;

public class FactoryClass {

    @ Factory
    public Object[ ] createTestClasses_001( ) {
        return new Object[ ]{
                new Login( "zhangsan", "zhangsan123456" ),
                new Login( "lisi", "lisi123456" )
        };
```

```
    }
}
```

然后删除 Login 测试类中构造方法上的@ Parameters 注解。

此时执行 FactoryClass 类即可将参数传递给 Login 测试类，并进行登录操作。

@ Factory 注解 dataProvider 和 dataProviderClass 属性的使用见 3.1.1 节。以下介绍 enabled 和 indices 属性的使用。

在 FactoryClass 类中新增一个@ Factory 修饰的方法，并将 enabled 属性值指定为 false，代码如下。

```
@Factory(enabled = false)
public Object[] createTestClasses_002() {
    return new Object[]{
            new Login("wangwu", "wangwu123456")
    };
}
```

然后执行 FactoryClass 类，可观察到并没有使用"wangwu"进行登录操作，说明禁用成功。

修改 createTestClasses_001()方法的@ Factory 注解，将其 indices 属性值指定为 1，代码如下。

```
@Factory(indices = 1)
public Object[] createTestClasses_001() {
    //省略其他代码
}
```

再次执行 FactoryClass 类，可观察到只使用了"lisi"进行登录操作。

3.2　JUnit 参数化测试

使用 JUnit 之前需要在项目中引入两个依赖包 junit-jupiter-engine 和 junit-jupiter-params，如下所示。

```
<dependency>
    <groupId>org.junit.jupiter</groupId>
    <artifactId>junit-jupiter-engine</artifactId>
    <version>5.6.0</version>
</dependency>
<dependency>
```

```
        <groupId>org.junit.jupiter</groupId>
        <artifactId>junit-jupiter-params</artifactId>
        <version>5.6.0</version>
    </dependency>
```

其中，junit-jupiter-engine 是 JUnit 5 的执行引擎，而 junit-jupiter-params 则用于提供 JUnit 参数化测试的能力。

3.2.1 使用@ValueSource 注解

@ValueSource 注解可提供单个数组作为测试数据，数组元素支持 8 种基本类型、String 和 Class。

仍然以登录测试用例为例，首先新建一个测试类 LoginForJUnit，代码如下。

```
package com.lujiatao.c03.junit;

import org.junit.jupiter.api.Test;
import org.openqa.selenium.chrome.ChromeDriver;

import java.util.concurrent.TimeUnit;

import static org.junit.jupiter.api.Assertions.assertEquals;

public class LoginForJUnit {

    @Test
    void testCase_001() throws InterruptedException {
        ChromeDriver driver = new ChromeDriver();
        driver.get("http://localhost:9002/login");
        driver.findElementByCssSelector("input[type='text']").sendKeys("zhangsan");
        driver.findElementByCssSelector("input[type='password']").sendKeys("zhangsan123456");
        driver.findElementByClassName("el-button").click();
        TimeUnit.SECONDS.sleep(3);
        assertEquals("zhangsan", driver.findElementByCssSelector("#nav > div:nth-child
(2) > span").getText());
        driver.quit();
    }

}
```

该测试类中的测试方法与第 1 章中用 TestNG 实现的测试方法功能上保持一致。

接下来使用@ ValueSource 将登录页面的 URL 抽离出来。

```
@ ParameterizedTest
@ ValueSource( strings = {"http://localhost:9002/login" } )
void testCase_001( String url) throws InterruptedException {
    ChromeDriver driver = new ChromeDriver( ) ;
    driver. get( url) ;
    //省略其他代码
}
```

使用 JUnit 的参数化测试必须将@ Test 注解替换为@ ParameterizedTest 注解。

另外，@ ValueSource 注解中的数组长度决定了测试方法执行的次数，因此如果要想给多个参数提供测试数据，使用@ ValueSource 注解是无法实现的。

3.2.2　使用@ NullSource、@ EmptySource 和@ NullAndEmptySource 注解

有几个比较特殊的注解，即@ NullSource、@ EmptySource 和@ NullAndEmptySource，以下对其分别进行介绍。

@ NullSource 和@ EmptySource 注解可分别用于传递 null 值和空值，它们可单独使用，也可同时使用。以下是同时使用的示例。

```
@ ParameterizedTest
@ NullSource
@ EmptySource
void testCase_001( String url) throws InterruptedException {
    //省略其他代码
}
```

而@ NullAndEmptySource 注解是@ NullSource 和@ EmptySource 的组合注解，可同时提供 null 值和空值。

```
@ ParameterizedTest
@ NullAndEmptySource
void testCase_001( String url) throws InterruptedException {
    //省略其他代码
}
```

由于@ NullSource、@ EmptySource 和@ NullAndEmptySource 注解只支持单个参数传递，因此它们最常用于结合@ ValueSource 注解使用，后者用于传递正常值，而前者用于传递异常值。

3.2.3　使用@ EnumSource 注解

@ EnumSource 注解可提供单个枚举作为测试数据。@ EnumSource 注解的 value 属性

用于指定枚举（默认为 NullEnum. class）；names 和 mode 属性需要配合使用，稍后再介绍。

首先在 LoginForJUnit 类中新建一个枚举，代码如下。

```
enum Role {GUEST, USER, ADMIN}
```

由于登录测试方法不适用于演示该参数化方式，因此笔者新建了一个测试方法，代码如下。

```
@ParameterizedTest
@EnumSource(Role.class)
void testCase_002(Role role) {
    assertNotNull(role);
}
```

执行该测试方法会遍历传入 Role 枚举值作为测试数据。

如果 names 属性指定了 A 和 B 两个枚举值，mode 取值为 Mode. INCLUDE，则传参只会传递 A 和 B 两个值。mode 属性支持 Mode. INCLUDE（默认）、Mode. EXCLUDE、Mode. MATCH_ALL 和 Mode. MATCH_ ANY 4 种匹配模式。由于枚举类型的测试数据相对少见，这里只演示 Mode. INCLUDE 匹配模式，有兴趣的读者请自行查阅相关资料了解每种模式的区别。

```
@ParameterizedTest
@EnumSource(value = Role.class, names = {"GUEST", "USER"})
void testCase_002(Role role) {
    assertNotNull(role);
}
```

由于 mode 属性的默认值为 Mode. INCLUDE，因此上述代码省略了 mode 属性。执行该测试方法，则不会传入 Role. ADMIN 这个枚举值了，因为它没有包含在 names 属性指定的值中。

3.2.4 使用@MethodSource 注解

@MethodSource 注解的功能非常强大，它可提供单个或多个工厂方法。如果该工厂方法与测试方法在同一个类中，除非测试实例生命周期使用按类方式，否则必须为静态方法；如果该工厂方法与测试方法不在同一个类中，则必须为静态方法。另外，工厂方法不能包含参数。@MethodSource 注解的 value 属性指定工厂方法的方法名。

1. 工厂方法与测试方法在同一个类中

首先创建一个工厂方法用于提供测试数据，代码如下。

```
static Stream<String> methodSource() {
    return Stream.of("http://localhost:9002/login");
}
```

然后修改登录测试方法，将@ NullAndEmptySource 注解替换为@ MethodSource 注解，并指定工厂方法的方法名。

```
@ParameterizedTest
@MethodSource("methodSource")
void testCase_001(String url) throws InterruptedException {
    //省略其他代码
}
```

执行登录测试方法，可以观察到 IMS 的登录 URL 被正确传递到了测试方法中。

@ MethodSource 注解可以同时传递多组测试数据给测试方法，因此可以使用它来抽离用户名和密码的测试数据。

首先需要对工厂方法进行改造，在 Stream 的类型参数中不能再使用 String 类型了，应该换用 Arguments。Arguments 可看成一组参数，可对应于 TestNG 数据提供者中 Object[][]的 Object[]数组。改造后的工厂方法如下。

```
static Stream<Arguments> methodSource() {
    return Stream.of(
            Arguments.of("http://localhost:9002/login", "zhangsan", "zhangsan123456"),
            Arguments.of("http://localhost:9002/login", "lisi", "lisi123456")
    );
}
```

然后将登录测试方法中的用户名和密码修改为变量形式，代码如下。

```
@ParameterizedTest
@MethodSource("methodSource")
void testCase_001(String url, String username, String password) throws InterruptedException {
    ChromeDriver driver = new ChromeDriver();
    driver.get(url);
    driver.findElementByCssSelector("input[type='text']").sendKeys(username);
    driver.findElementByCssSelector("input[type='password']").sendKeys(password);
    driver.findElementByClassName("el-button").click();
    TimeUnit.SECONDS.sleep(3);
    assertEquals(username, driver.findElementByCssSelector("#nav > div:nth-child(2) > 
span").getText());
    driver.quit();
}
```

再次执行该测试方法，可观察到 URL、用户名和密码均被正确传递到了测试方法中。

2. 工厂方法与测试方法不在同一个类中

测试类中的@ MethodSource 注解可引用外部类中的工厂方法为测试方法提供测试数据。

首先新增一个外部类用于存放工厂方法，代码如下。

```
package com.lujiatao.c03.junit;

import org.junit.jupiter.params.provider.Arguments;

import java.util.stream.Stream;

public class MethodSourceClass {

    static Stream<Arguments> methodSource() {
        return Stream.of(
                Arguments.of("http://localhost:9002/login", "zhangsan", "zhangsan123456"),
                Arguments.of("http://localhost:9002/login", "lisi", "lisi123456")
        );
    }

}
```

可以看到外部类中的工厂方法与之前的保持一致。

然后修改登录测试方法中@ MethodSource 注解的 value 值。

```
@ParameterizedTest
@MethodSource("com.lujiatao.c03.junit.MethodSourceClass#methodSource")
void testCase_001(String url, String username, String password) throws InterruptedException {
    //省略其他代码
}
```

请注意 value 值的书写方式，即类名和工厂方法名之间以井号（#）进行了分隔。

再次执行登录测试方法，执行结果与之前一致。

3.2.5 使用@ CsvSource 注解

@ CsvSource 注解可提供单组或多组参数，如果需要提供多组参数，则需要使用分隔符（默认为英文逗号）分隔数据。@ CsvSource 注解的属性解释如下。

value：指定测试数据。

delimiter：指定分隔字符，默认为英文逗号。

delimiterString：指定分隔字符串，默认为空字符串。

emptyValue：指定替代测试数据中空字符串的字符串，默认为空字符串。

nullValues：指定应被解释为 null 值的字符串，默认没有。

修改登录测试方法，将@ MethodSource 注解修改为@ CsvSource。

```
@ ParameterizedTest
@ CsvSource ({ "http://localhost:9002/login, zhangsan, zhangsan123456", "http://localhost:9002/login, lisi, lisi123456" })
void testCase_001(String url, String username, String password) throws InterruptedException {
    //省略其他代码
}
```

执行登录测试方法，执行结果不变。

可以使用 delimiter 属性指定分隔的字符，以下示例将分隔符指定为了“|”。

```
@ ParameterizedTest
@ CsvSource ( value = { "http://localhost:9002/login | zhangsan | zhangsan123456", "http://localhost:9002/login | lisi | lisi123456" }, delimiter = '|')
void testCase_001(String url, String username, String password) throws InterruptedException {
    //省略其他代码
}
```

也可以使用 delimiterString 属性指定分隔的字符串，以下示例将分隔字符串指定为了“{$}”。

```
@ ParameterizedTest
@ CsvSource( value = {"http://localhost:9002/login {$} zhangsan {$} zhangsan123456", "http://localhost:9002/login {$} lisi {$} lisi123456" }, delimiterString = "{$}")
void testCase_001(String url, String username, String password) throws InterruptedException {
    //省略其他代码
}
```

emptyValue 属性适用于提供默认值，假设未提供登录的 URL，可以用它来指定默认值。

```
@ ParameterizedTest
@ CsvSource( value = "'', zhangsan, zhangsan123456", emptyValue = "http://localhost:9002/login")
void testCase_001(String url, String username, String password) throws InterruptedException {
    //省略其他代码
}
```

执行登录测试方法，登录成功。

假设测试数据中有“NIL”，想被转换为 null 值，可以使用 nullValues 属性指定即可。

```
@ ParameterizedTest
@ CsvSource( value = "NIL, zhangsan, zhangsan123456", nullValues = "NIL")
void testCase_001( String url, String username, String password) throws InterruptedException {
    //省略其他代码
}
```

执行登录测试方法，从控制台可以看出“NIL”已经被成功替换，如图 3-1 所示。

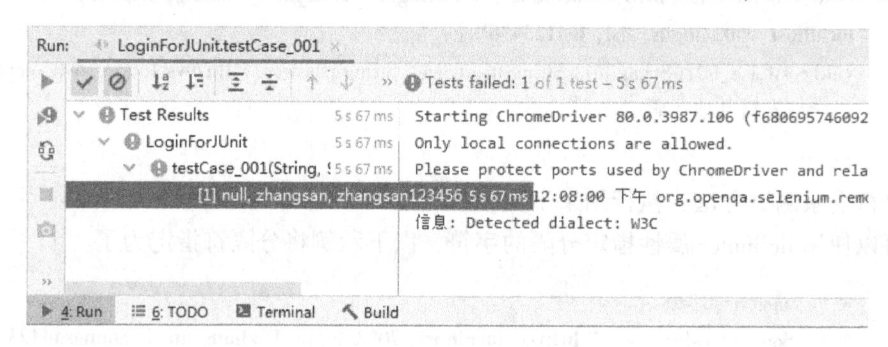

图 3-1　NIL 被替换成了 null

3.2.6　使用@ CsvFileSource 注解

@ CsvFileSource 注解与@ CsvSource 注解类似，只不过@ CsvFileSource 注解是通过读取 CSV 文件来获取测试数据。CSV 文件中以井号（#）开头的行被理解为注释，因此会被忽略掉。@ CsvFileSource 注解的属性解释如下。

resources：指定测试数据文件。

encoding：指定读取文件使用的编码，默认为 UTF-8。为了兼容中文，不建议修改该默认编码。

lineSeparator：指定读取文件使用的行分隔符，默认为换行符（\n）。

delimiter：指定分隔字符，默认为英文逗号。

delimiterString：指定分隔字符串，默认为空字符串。

numLinesToSkip：指定需跳过的行数，默认为 0。

emptyValue：指定替代测试数据中空字符串的字符串，默认为空字符串。

nullValues：指定应被解释为 null 值的字符串，默认没有。

首先在/src/test 目录下新建一个 resources 目录，在 resources 目录中新建 testdata. csv 文件，文件内容如下。

```
http://localhost:9002/login,zhangsan,zhangsan123456
http://localhost:9002/login,lisi,lisi123456
```

然后用@ CsvFileSource 注解替换@ CsvSource 注解。

```
@ParameterizedTest
@CsvFileSource(resources = "/testdata.csv")
void testCase_001(String url, String username, String password) throws InterruptedException {
    //省略其他代码
}
```

执行登录测试方法，两个用户都能登录成功。

lineSeparator 属性可修改默认的行分隔符，以下示例将行分隔符修改为英文分号。

```
@ParameterizedTest
@CsvFileSource(resources = "/testdata.csv", lineSeparator = ";")
void testCase_001(String url, String username, String password) throws InterruptedException {
    //省略其他代码
}
```

显然对应的 CSV 文件也需要修改，具体如下。

```
http://localhost:9002/login,zhangsan,zhangsan123456;http://localhost:9002/login,lisi,lisi123456
```

以上 CSV 文件的换行符使用英文分号进行了替换。

另外，往往 CSV 文件的第一行会作为“表头”，比如：

```
URL,用户名,密码
http://localhost:9002/login,zhangsan,zhangsan123456
http://localhost:9002/login,lisi,lisi123456
```

此时就需要用到 numLinesToSkip 属性来跳过第一行。

```
@ParameterizedTest
@CsvFileSource(resources = "/testdata.csv", numLinesToSkip = 1)
void testCase_001(String url, String username, String password) throws InterruptedException {
    //省略其他代码
}
```

执行登录测试用例，可观察到 CSV 文件中的第一行数据未被传递到测试方法中。

@CsvFileSource 注解的 delimiter、delimiterString、emptyValue 和 nullValues 属性用法与@CsvSource 注解的一致，在此不再赘述。

3.2.7　使用@ArgumentsSource 和@ArgumentsSources 注解

JUnit 提供了 ArgumentsProvider 接口，该接口是配合@ArgumentsSource 注解使用的。通过查看源码，可以看到从@ValueSource 到@CsvFileSource 的所有参数化注解都使用了 ArgumentsProvider 接口的实现类作为参数提供者。

@ ValueSource：使用 ValueArgumentsProvider. class

@ NullSource：使用 NullArgumentsProvider. class

@ EmptySource：使用 EmptyArgumentsProvider. class

@ EnumSource：使用 EnumArgumentsProvider. class

@ MethodSource：使用 MethodArgumentsProvider. class

@ CsvSource：使用 CsvArgumentsProvider. class

@ CsvFileSource：使用 CsvFileArgumentsProvider. class

本节介绍直接实现 ArgumentsProvider 接口，并结合@ ArgumentsSource 注解来给测试方法提供测试数据。

首先新建一个 ArgumentsProviderClass 类，该类实现了 ArgumentsProvider 接口。

```
package com.lujiatao.c03.junit;

import org.junit.jupiter.api.extension.ExtensionContext;
import org.junit.jupiter.params.provider.Arguments;
import org.junit.jupiter.params.provider.ArgumentsProvider;

import java.util.stream.Stream;

public class ArgumentsProviderClass implements ArgumentsProvider {

    @Override
    public Stream<? extends Arguments> provideArguments(ExtensionContext context) {
        return Stream.of(
                Arguments.of("http://localhost:9002/login", "zhangsan", "zhangsan123456"),
                Arguments.of("http://localhost:9002/login", "lisi", "lisi123456")
        );
    }

}
```

ArgumentsProviderClass 类重写了 ArgumentsProvider 接口中的 provideArguments（ExtensionContext context）方法，该方法返回一个 Stream 类型的值，且类型参数需是 Arguments 或其实现类。

然后用@ ArgumentsSource 注解替换@ CsvFileSource 注解。

```
@ParameterizedTest
@ArgumentsSource(ArgumentsProviderClass.class)
void testCase_001(String url, String username, String password) throws InterruptedException {
    //省略其他代码
}
```

最后执行登录测试方法，执行结果为通过。

另外还有一个@ ArgumentsSources 注解，它接收一个@ ArgumentsSource 类型的数组，使用方式非常简单。

```
@ParameterizedTest
@ArgumentsSources(@ArgumentsSource(ArgumentsProviderClass.class))
void testCase_001(String url, String username, String password) throws InterruptedException {
    //省略其他代码
}
```

3.3 使用不同的数据源

数据驱动最好的方式是将数据源外部化，而不是硬编码在代码里。在 3.2.6 节的@ CsvFileSource 注解中使用了 CSV 文件将数据源外部化，这是 JUnit 自带的使用 CSV 数据源的方式，但 TestNG 并没有提供该类方法。本节将从 CSV 文件开始介绍使用各种数据源的方式，并结合 TestNG 来做演示。

3.3.1 使用 CSV 作为数据源

CSV（Comma-Separated Values，逗号分隔值）文件以 csv 为文件后缀名，在数据驱动测试领域使用非常广泛，比如 JUnit 的@ CsvFileSource 注解、JMeter 配置元件中的 CSV 数据文件设置等。

首先引入 Commons CSV 依赖包：

```
<dependency>
    <groupId>org.apache.commons</groupId>
    <artifactId>commons-csv</artifactId>
    <version>1.8</version>
</dependency>
```

Commons CSV 是 Apache Commons 旗下的子项目，是一个常用的处理 CSV 文件的函数库。

创建一个工具类 DataSourceUtil，并新增读取 CSV 文件的方法。

```
package com.lujiatao.c03.datasource;


import org.apache.commons.csv.CSVFormat;
import org.apache.commons.csv.CSVParser;
import org.apache.commons.csv.CSVRecord;
```

```java
import java.io.IOException;
import java.io.InputStreamReader;
import java.util.List;
import java.util.Objects;

public class DataSourceUtil {

    public static Object[][] readCsv(String file) {
        Object[][] result;
         try (InputStreamReader reader = new InputStreamReader(Objects.requireNonNull
(DataSourceUtil.class.getClassLoader().getResourceAsStream(file)));
              CSVParser parser = CSVFormat.DEFAULT.parse(reader)) {
             List<CSVRecord> records = parser.getRecords();
             result = new Object[records.size()][];
             for (int i = 0; i < records.size(); i++) {
                 CSVRecord record = records.get(i);
                 Object[] tmp = new Object[record.size()];
                 for (int j = 0; j < record.size(); j++) {
                     tmp[j] = record.get(j);
                 }
                 result[i] = tmp;
             }
        } catch (IOException e) {
            throw new RuntimeException(e.getMessage());
        }
        return result;
    }

}
```

Commons CSV 中提供了多种形式的 CSVFormat，可在不同场景下使用。另外还可以读取带“表头”的 CSV 文件。有关 Commons CSV 的更多用法请读者自行查阅相关资料。

仍然以登录测试用例为例，将登录 URL、用户名和密码抽离出来放在 CSV 文件中，文件内容如下。

```
http://localhost:9002/login,zhangsan,zhangsan123456
http://localhost:9002/login,lisi,lisi123456
```

使用@ DataProvider 引入测试数据，代码如下。

```java
@DataProvider(name = "forTestCase_001")
public Object[][] testData_001() {
```

```
        return readCsv("testdata.csv");
    }
```

登录测试方法做相应的修改，代码如下。

```
@Test(description = "登录成功", dataProvider = "forTestCase_001")
public void testCase_001(String url, String username, String password) throws InterruptedException {
    ChromeDriver driver = new ChromeDriver();
    driver.get(url);
    driver.findElementByCssSelector("input[type='text']").sendKeys(username);
    driver.findElementByCssSelector("input[type='password']").sendKeys(password);
    driver.findElementByClassName("el-button").click();
    TimeUnit.SECONDS.sleep(3);
    assertEquals(driver.findElementByCssSelector("#nav > div:nth-child(2) > span").getText(), username);
    driver.quit();
}
```

执行登录测试方法，可以观察到 CSV 文件中的测试数据被成功传递到了测试方法中。

3.3.2　使用 Excel 作为数据源

Excel 是常用的电子表格，以 .xlsx 或 .xls 作为文件后缀。本节使用 POI OOXML 函数库来读取 Excel 中的测试数据，POI OOXML 属于 Apache POI 的子项目。

首先引入 POI OOXML 依赖包，代码如下。

```
<dependency>
    <groupId>org.apache.poi</groupId>
    <artifactId>poi-ooxml</artifactId>
    <version>4.1.2</version>
</dependency>
```

然后在 DataSourceUtil 类中新增读取 Excel 文件的方法。

```
public static Object[][] readExcel(String file, String sheetName) {
    Object[][] result;
    if (file.endsWith(".xlsx")) {
        try (XSSFWorkbook workbook = new XSSFWorkbook(Objects.requireNonNull(DataSourceUtil.class.getClassLoader().getResourceAsStream(file)));) {
            XSSFSheet sheet = workbook.getSheet(sheetName);
            result = readExcel(sheet);
```

```
        } catch (IOException e) {
            throw new RuntimeException(e.getMessage());
        }
    } else if (file.endsWith(".xls")) {
        try (HSSFWorkbook workbook = new HSSFWorkbook(new POIFSFileSystem(Ob-
jects.requireNonNull(DataSourceUtil.class.getClassLoader().getResourceAsStream(file))));) {
            HSSFSheet sheet = workbook.getSheet(sheetName);
            result = readExcel(sheet);
        } catch (IOException e) {
            throw new RuntimeException(e.getMessage());
        }
    } else {
        throw new IllegalArgumentException("文件类型错误!");
    }
    return result;
}
```

由于需要兼容 .xlsx 和 .xls 两种后缀的 Excel 文件，笔者单独抽离一个私有方法用于存放读取 Excel 文件的公共操作。

```
private static Object[][] readExcel(Sheet sheet) {
    Object[][] result = new Object[sheet.getLastRowNum() + 1][];
    for (int i = 0; i < sheet.getLastRowNum() + 1; i++) {
        Row row = sheet.getRow(i);
        Object[] tmp = new Object[row.getLastCellNum()];
        for (int j = 0; j < row.getLastCellNum(); j++) {
            Cell cell = row.getCell(j);
            cell.setCellType(CellType.STRING);
            tmp[j] = cell.getStringCellValue();
        }
        result[i] = tmp;
    }
    return result;
}
```

读者可能已经注意到，读取 CSV 文件和 Excel 文件时都用到了输入流，可以将这部分代码抽离成一个私有方法。

```
private static InputStream getStreamFromFile(String file) {
    return Objects.requireNonNull(DataSourceUtil.class.getClassLoader().getResourceAs
Stream(file));
}
```

.xlsx 后缀的 Excel 文件内容如图 3-2 所示。

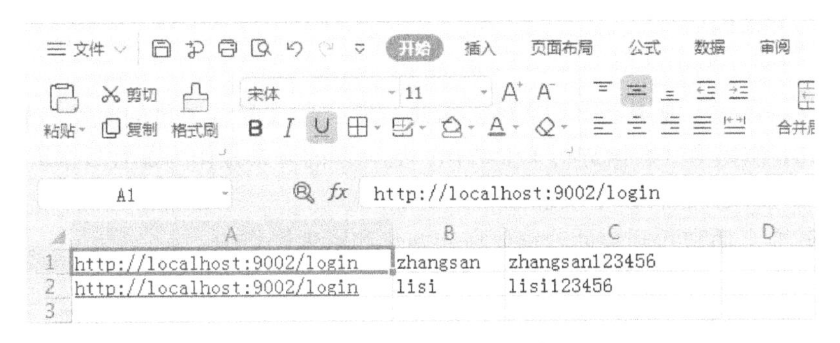

图 3-2　Excel 文件的内容

修改数据提供者，将读取 CSV 文件的操作改为读取 Excel 文件的操作。

```
@DataProvider(name = "forTestCase_001")
public Object[][] testData_001() {
    return readExcel("testdata.xlsx", "Sheet1");
}
```

执行登录测试方法，可以观察到 Excel 文件中的测试数据被成功传递到了测试方法中。

读者可自行使用 .xls 后缀的 Excel 文件进行测试，使用效果相同。

3.3.3　使用 Properties 作为数据源

Properties 是常用的配置文件，以 properties 后缀结尾。读取 Properties 文件非常简单，直接使用 JDK 自带的 API 即可完成。

首先在 DataSourceUtil 类中新增读取 Properties 文件的方法。

```
public static Map<String, String> readProperties(String file) {
    Map<String, String> result = new HashMap<>();
    Properties properties = new Properties();
    try {
        properties.load(getStreamFromFile(file));
    } catch (IOException e) {
        throw new RuntimeException(e.getMessage());
    }
    Iterator<String> iterator = properties.stringPropertyNames().iterator();
    String key;
    while (iterator.hasNext()) {
        key = iterator.next();
        result.put(key, properties.getProperty(key));
```

```
        }
        return result;
    }
```

由于 Properties 一般用于配置文件，因此很适合存放测试项目的配置。前面的示例都将登录 URL 作为测试数据进行了参数化，更合理的方式是作为配置数据进行参数化。

接下来对测试类进行以下改造：

1）将建立会话和断开会话分别放在初始化和清理操作中；

2）将登录 URL 的赋值也放在初始化操作中。

改造后的测试类代码如下。

```
package com.lujiatao.c03.datasource;

import org.openqa.selenium.chrome.ChromeDriver;
import org.testng.annotations.AfterClass;
import org.testng.annotations.BeforeClass;
import org.testng.annotations.DataProvider;
import org.testng.annotations.Test;

import java.util.Map;
import java.util.concurrent.TimeUnit;

import static com.lujiatao.c03.datasource.DataSourceUtil.*;
import static org.testng.Assert.assertEquals;

public class Login {

    private ChromeDriver driver;
    private String url;

    @BeforeClass
    public void setUpAll() {
        driver = new ChromeDriver();
        Map<String, String> properties = readProperties("configdata.properties");
        url = properties.get("login.url");
    }

    @Test(description = "登录成功", dataProvider = "forTestCase_001")
    public void testCase_001(String username, String password) throws InterruptedException {
        driver.get(url);
        driver.findElementByCssSelector("input[type='text']").sendKeys(username);
```

```
            driver.findElementByCssSelector("input[type='password']").sendKeys(password);
            driver.findElementByClassName("el-button").click();
            TimeUnit.SECONDS.sleep(3);
            assertEquals(driver.findElementByCssSelector("#nav > div:nth-child(2) > span").
    getText(), username);
        }

        @DataProvider(name = "forTestCase_001")
        public Object[][] testData_001() {
            return readExcel("testdata.xlsx", "Sheet1");
        }

        @AfterClass
        public void tearDown() {
            driver.quit();
        }

    }
```

新增 configdata.properties 文件，文件内容如下。

```
login.url =http://localhost:9002/login
```

最后需要删除 Excel 文件中的第一列（即登录 URL）。

执行登录测试方法，可以观察到 Properties 文件中的数据被正确传递到了测试方法中。

3.3.4　使用 YAML 作为数据源

YAML（YAML Ain't Markup Language，YAML 不是一种标记语言）文件比 Properties 文件语法更简洁，它也常被用于配置文件中，其文件后缀以 yaml 或 yml 结尾。关于 YAML 语法，读者请自行查阅相关资料来了解，本节仅演示一个简单的示例。

SnakeYAML 是读取 YAML 文件的常用函数库，TestNG 的依赖中已经自带了该函数库，可直接使用，如图 3-3 所示。

首先在 DataSourceUtil 类中新增读取 YAML 文件的方法。

```
public static Map<String, Object> readYaml(String file) {
    Yaml yaml = new Yaml();
    return yaml.load(getStreamFromFile(file));
}
```

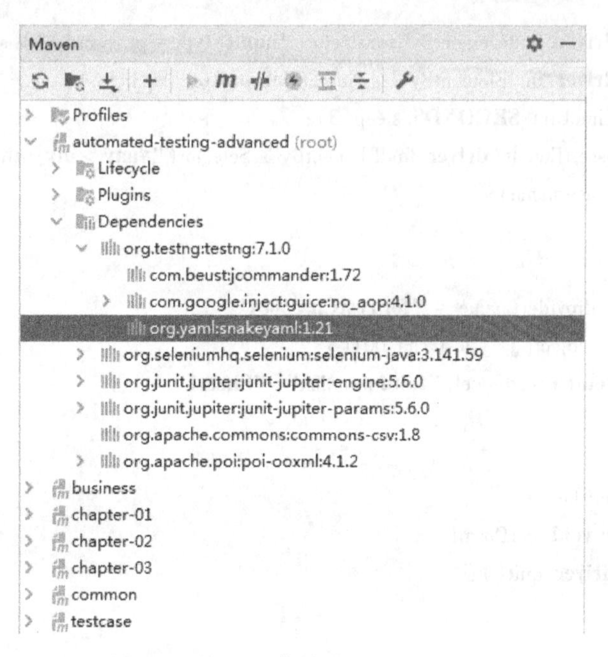

图 3-3　TestNG 依赖中的 SnakeYAML

然后修改初始化方法中获取登录 URL 的代码。

```
@BeforeClass
public void setUpAll() {
    driver = new ChromeDriver();
    Map<String, Object> yaml = readYaml("configdata.yaml");
    Map<String, String> tmp = (Map<String, String>) yaml.get("login");
    url = tmp.get("url");
}
```

新增 configdata. yaml 文件，文件内容如下。

```
login:
  url: http://localhost:9002/login
```

执行登录测试方法，YAML 文件中的数据被正确传递到了测试方法中。

读者可自行使用 yml 后缀的 YAML 文件进行测试，使用效果保持一致。

3.3.5　使用数据库作为数据源

使用数据库作为数据源是比使用文件更重量级的一种方式。本节以 MySQL 数据库为例，并使用 MySQL Connector/J 函数库来提供 MySQL 数据库的驱动程序。因此需要首先引入 MySQL Connector/J 依赖包。

```
<dependency>
    <groupId>mysql</groupId>
    <artifactId>mysql-connector-java</artifactId>
    <version>8.0.19</version>
</dependency>
```

然后创建一个客户端类 DatabaseClient，代码如下。

```
package com.lujiatao.c03.datasource;

import java.sql.*;
import java.util.ArrayList;
import java.util.LinkedHashMap;
import java.util.List;

public class DatabaseClient {

    private String url;
    private Connection connection = null;
    private Statement statement = null;

    public DatabaseClient(String driver, String url) {
        try {
            Class.forName(driver);
        } catch (ClassNotFoundException e) {
            throw new RuntimeException(e.getMessage());
        }
        if (url != null && !url.equals("")) {
            this.url = url;
        } else {
            throw new IllegalArgumentException("数据库 URL 为空!");
        }
    }

    public void connect(String username, String password) {
        try {
            connection = DriverManager.getConnection(url, username, password);
            statement = connection.createStatement();
        } catch (SQLException e) {
            throw new RuntimeException(e.getMessage());
        }
    }
```

```
public void disconnect() {
    try {
        if (statement != null && !statement.isClosed()) {
            statement.close();
            statement = null;
        }
        if (connection != null && !connection.isClosed()) {
            connection.close();
            connection = null;
        }
    } catch (SQLException e) {
        throw new RuntimeException(e.getMessage());
    }
}

public List<LinkedHashMap<String, Object>> queryData(String sql) {
    List<LinkedHashMap<String, Object>> result = new ArrayList<>();
    try {
        ResultSet resultSet = statement.executeQuery(sql);
        List<String> columns = getColumns(resultSet);
        LinkedHashMap<String, Object> linkedHashMap;
        while (resultSet.next()) {
            linkedHashMap = new LinkedHashMap<>();
            for (String column : columns) {
                linkedHashMap.put(column, resultSet.getObject(column));
            }
            result.add(linkedHashMap);
        }
    } catch (SQLException e) {
        throw new RuntimeException(e.getMessage());
    }
    return result;
}

private List<String> getColumns(ResultSet resultSet) {
    List<String> result = new ArrayList<>();
    try {
        ResultSetMetaData resultSetMetaData = resultSet.getMetaData();
        for (int i = 1; i <= resultSetMetaData.getColumnCount(); i++) {
            result.add(resultSetMetaData.getColumnName(i));
```

```
            }
        } catch (SQLException e) {
            throw new RuntimeException(e.getMessage());
        }
        return result;
    }

    public int modifyData(String sql) {
        try {
            return statement.executeUpdate(sql);
        } catch (SQLException e) {
            throw new RuntimeException(e.getMessage());
        }
    }

}
```

DatabaseClient 类的作用是作为一个简单的关系型数据库通用客户端操作类，可对数据库进行建立会话、断开会话、查询数据和修改数据等操作。由于对数据库的操作是非常普遍的，因此该类的作用不仅限于数据驱动测试，还可以用于其他需操作数据库的场景。

鉴于 DatabaseClient 类的通用性，它不可能提供定制化的功能（即返回 Object[][] 类型的数据），因此需要一个“翻译”将数据库的返回数据类型从 List<LinkedHashMap<String, Object>>转换为 Object[][]。

在 DadaSourceUtil 中新增读取数据库数据的方法。

```
public static Object[][] readDatabase(String driver, String url, String username, String password, String sql) {
    DatabaseClient databaseClient = new DatabaseClient(driver, url);
    databaseClient.connect(username, password);
    List<LinkedHashMap<String, Object>> tmps = databaseClient.queryData(sql);
    Object[][] result = new Object[tmps.size()][];
    for (int i = 0; i < tmps.size(); i++) {
        result[i] = tmps.get(i).values().toArray();
    }
    databaseClient.disconnect();
    return result;
}
```

接下来创建一个名为 testdata 的 MySQL 数据库，再执行以下 SQL 语句初始化测试数据。

```
CREATE TABLE login (
    username VARCHAR (128) DEFAULT '' NOT NULL,
    'password' VARCHAR (128) DEFAULT '' NOT NULL
);

INSERT INTO login
VALUES
    ('zhangsan','zhangsan123456'),
    ('lisi', 'lisi123456');
```

将登录测试方法中使用 Excel 读取测试数据的方法改成使用数据库读取测试数据的方法。

```
@DataProvider(name = "forTestCase_001")
public Object[][] testData_001() {
    return readDatabase("com.mysql.cj.jdbc.Driver", "jdbc:mysql://192.168.3.102:3306/testdata", "root", "123456", "SELECT * FROM login;");
}
```

请注意以上数据库的 IP、端口、用户名和密码为笔者搭建的 MySQL 数据库，读者需根据实际情况进行替换。

执行登录测试方法，可以观察到数据库中的数据被正确传递到了测试方法中。

以上介绍了 5 种数据源，那么每种数据源更适合哪种场景呢？

1）测试数据的存放：推荐使用 CSV 或 Excel 作为数据源。

2）配置数据的存放：推荐使用 Properties 或 YAML 作为数据源。

3）跨项目共享测试数据或配置数据：推荐使用数据库作为数据源。

第4章　关键字驱动测试

由于关键字驱动测试（Keyword-Driven Testing，KDT）使用了“填表格”的方式完成测试用例的设计，因此它又被称为表格驱动测试（Table-Driven Testing）。

本章先对关键字进行简介，然后介绍业界著名的关键字驱动测试框架 Robot Framework 中关键字的使用，最后介绍如何自己实现关键字驱动测试框架。

4.1　关键字简介

关键字是一种对测试步骤的高度抽象，它将测试步骤建模为对象、动作和数据三个部分。

1）对象：可操作的元素，如输入框、按钮等。

2）动作：对对象进行的操作，如输入、单击等。

3）数据：动作附加的数据，如用户名、密码等。

动作被命名为关键字的名称，而对象和数据则作为关键字的参数。

但在实际使用中，关键字也并非完全按照上述结构实现，这一点可从 4.2 节的 Robot Framework 关键字看出。

4.2　Robot Framework 关键字

如果环境不统一，那么可能会造成细微的差别，因此笔者首先罗列出本节需要用到的应用程序名称及其版本号。

```
Python:3.7.7
Robot Framework:3.1.2
RIDE:1.7.4.1
Robot Framework Remote Server:1.1
SeleniumLibrary:4.3.0
AppiumLibrary:1.5.0.4
RequestsLibrary:0.6.5
```

Robot Framework 的关键字分为 4 种。

（1）标准关键字

标准关键字由 Robot Framework 官方提供，共 13 个。

BuiltIn：提供常用的通用操作。Robot Framework 默认会导入该关键字，无须手动导入。

Collections：提供处理 Python 列表和字典的能力。

DateTime：提供处理日期和时间转换的能力。

Dialogs：暂停执行，并需要人工介入。

Easter：该关键字库只有一个名为 None Shall Pass 的关键字，其作用是强制抛出断言异常。

OperatingSystem：允许在 Robot Framework 运行的系统中执行各种与系统相关的任务。

Process：提供在系统中运行进程的能力。

Remote：远程关键字库的本地代理。

Reserved：Robot Framework 的保留关键字库。

Screenshot：提供截图功能。

String：提供字符串的各种操作。

Telnet：建立 Telnet 连接，并执行相关命令。

XML：提供 XML 文件的各种操作。

（2）外部关键字

外部关键字不由 Robot Framework 官方提供，外部关键字库数量很庞大，本节仅对 SeleniumLibrary、AppiumLibrary 和 RequestsLibrary 进行简单介绍。

（3）自定义关键字

自定义关键字由用户自定义并存储在自定义关键字库中，实际上也属于外部关键字。

（4）用户关键字

用户关键字是 Robot Framework 中的 User Keyword。

4.2.1 BuiltIn 关键字库

1. Hello World!

Robot Framework 使用了一种 DSL（Domain-Specific Language，领域特定语言）来构建自己的语法标准。既然是一套语法，下面就先介绍如何输出“Hello World!”。

打开 RIDE，依次新建工程、测试套件和测试用例，在测试用例中输入“Log”和“Hello World!”，如图 4-1 所示。

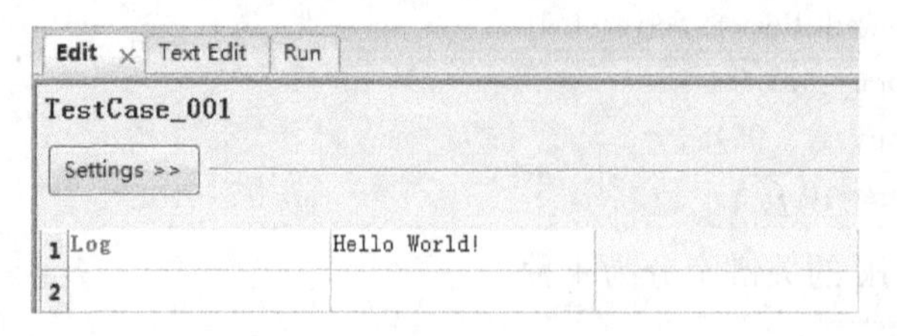

图 4-1 打印 Hello World!

执行以上测试用例输出结果如下所示。

```
Starting test: KDT.TestSuite 001.TestCase_001
20200316 11:02:44.082 :  INFO : Hello World!
Ending test:  KDT.TestSuite 001.TestCase_001
```

关键字 Log 用于打印内容，其作用与 Python 中的 print( ) 以及 Java 中的 System.out.println( ) 方法类似。

类似的有 Log Many，它用于打印多个值，如图 4-2 所示。

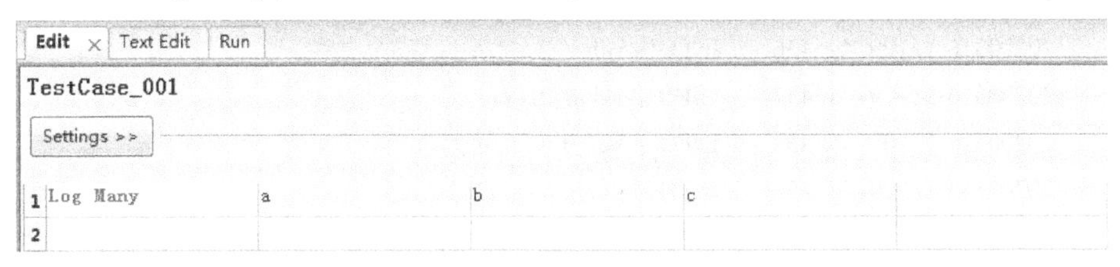

图 4-2　打印多个值

执行以上测试用例输出结果如下所示。

```
Starting test: KDT.TestSuite 001.TestCase_001
20200316 11:04:41.755 :  INFO : a
20200316 11:04:41.755 :  INFO : b
20200316 11:04:41.755 :  INFO : c
Ending test: KDT.TestSuite 001.TestCase_001
```

这些打印内容会出现在 output.xml 和 log.html 文件中，如果只想打印到控制台，可以使用 Log To Console 关键字。

2. 变量和常量

Robot Framework 有 3 种变量：Scalar、List 和 Dictionary，它们分别用 $ 、@ 和 & 符号定义，如图 4-3 所示。

Edit　Text Edit　Run

TestCase_001

Settings >>

1	${var_1}	Set Variable	value		
2	@{var_2}	Create List	value_1	value_2	
3	&{var_3}	Create Dictionary	key_1=value_1	key_2=value_2	
4	Log	${var_1}			
5	Log Many	@{var_2}			
6	Log	@{var_2}[1]			
7	Log Many	&{var_3}			
8	Log	&{var_3}[key_2]			
9					

图 4-3　Scalar、List 和 Dictionary

Log 和 Log Many 此处用于演示这 3 种变量的引用方式，执行以上测试用例输出结果如下所示。

```
Starting test: KDT. TestSuite 001. TestCase_001
20200316 11:09:44.431 :  INFO : ${var_1} = value
20200316 11:09:44.432 :  INFO : @{var_2} = [ value_1 | value_2 ]
20200316 11:09:44.433 :  INFO : &{var_3} = { key_1=value_1 | key_2=value_2 }
20200316 11:09:44.434 :  INFO : value
20200316 11:09:44.436 :  INFO : value_1
20200316 11:09:44.436 :  INFO : value_2
20200316 11:09:44.437 :  INFO : value_2
20200316 11:09:44.438 :  INFO : key_1=value_1
20200316 11:09:44.439 :  INFO : key_2=value_2
20200316 11:09:44.440 :  INFO : value_2
Ending test: KDT. TestSuite 001. TestCase_001
```

实际上 Set Variable 关键字可接受多个参数，因此也可用它替代 Create List 关键字用于给列表类型的变量赋值。

另外，变量的作用范围默认为当前测试用例，如需跨测试用例共享，可使用以下关键字共享变量。

1）Set Global Variable：将局部变量转换为全局变量。

2）Set Suite Variable：将局部变量转换为测试套件级变量，在同一个测试套件的多个测试用例之间共享。

3）Set Test Variable 和 Set Task Variable：Set Test Variable 关键字将局部变量用于当前测试任务，比如在测试用例中定义了 A、B 两个用户关键字，那么用户关键字 A 中定义的变量可以在用户关键字 B 中引用。Set Task Variable 为 Robot Framework 3.1 加入的新关键字，意在更合理地表达该意图。从源码可以看出，Set Task Variable 关键字的内部是直接调用的 Set Test Variable 关键字。

Robot Framework 还有许多内置变量，如下所示。

1）${SUITE_NAME}：表示测试套件名称。

2）${TEST_NAME}：表示测试用例名称。

3）${REPORT_FILE}：表示测试报告文件路径。

4）${LOG_FILE}：表示日志文件路径。

另外，Robot Framework 默认将数字类型也当作字符串来处理，因此要使其成为真正的“数字”，则需要使用数字常量，数字常量使用“${}”进行包裹，比如 ${1.5} 表示数字 1.5。

3. 分支

Robot Framework 没有专门的分支语句，但可借助 Run Keyword If 关键字来实现，如

图 4-4 所示。

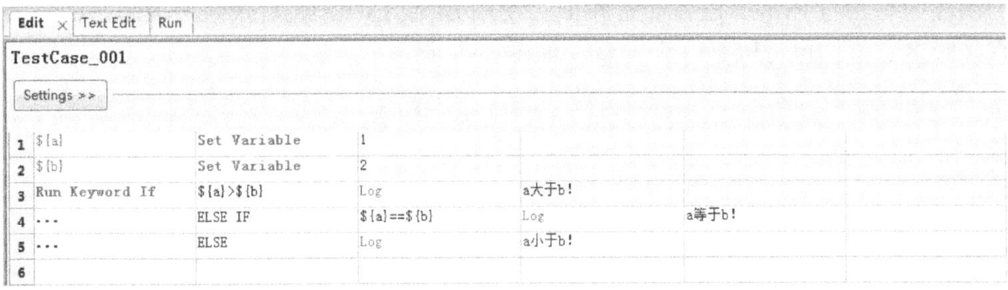

Edit | Text Edit | Run

TestCase_001

Settings >>

1	${a}	Set Variable	1		
2	${b}	Set Variable	2		
3	Run Keyword If	${a}>${b}	Log	a大于b!	
4	...	ELSE IF	${a}==${b}	Log	a等于b!
5	...	ELSE	Log	a小于b!	
6					

图 4-4　分支

Run Keyword If 关键字支持多分支，即使用 ELSE IF 或 ELSE 增加多个分支，执行以上测试用例输出结果如下所示。

```
Starting test: KDT. TestSuite 001. TestCase_001
20200316 11:33:44.467 :  INFO : ${a} = 1
20200316 11:33:44.467 :  INFO : ${b} = 2
20200316 11:33:44.469 :  INFO : a 小于 b!
Ending test: KDT. TestSuite 001. TestCase_001
```

ELSE IF 也可简写为 ELIF。

还有一些 Run Keyword If 开头的关键字，它们被用于清理操作。

1）Run Keyword If All Critical Tests Passed：如果 Critical 级别的测试用例全部执行通过，则执行指定关键字。用于测试套件的清理操作。

2）Run Keyword If All Tests Passed：如果测试用例全部执行通过，则执行指定关键字。用于测试套件的清理操作。

3）Run Keyword If Any Critical Tests Failed：如果任一 Critical 级别的测试用例执行失败，则执行指定关键字。用于测试套件的清理操作。

4）Run Keyword If Any Tests Failed：如果任一测试用例执行失败，则执行指定关键字。用于测试套件的清理操作。

5）Run Keyword If Test Failed：如果测试用例执行失败，则执行指定关键字。用于测试用例的清理操作。

6）Run Keyword If Test Passed：如果测试用例执行通过，则执行指定关键字。用于测试用例的清理操作。

7）Run Keyword If Timeout Occurred：如果测试用例执行超时，则执行指定关键字。用于测试用例的清理操作。

另外，还有一个 Run Keyword Unless 关键字，该关键字与 Run Keyword If 相反，即不满足条件才执行指定的关键字。但与 Run Keyword If 不同的是，它不支持多分支。

4. 循环

Robot Framework 早期使用:FOR 作为循环的关键字，新版本的 Robot Framework 已

经将其废弃，换用更简洁的关键字 FOR。

循环的写法与 Python 语言非常相似，使用 IN 或 IN RANGE 来限定范围，IN 后面可以直接跟多个值，也可以是一个变量，如图 4-5 所示。

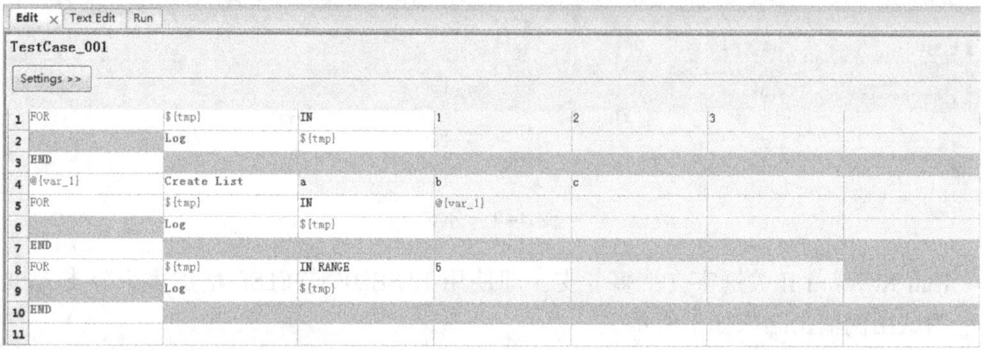

Edit | Text Edit | Run

TestCase_001

Settings >>

1	FOR	${tmp}	IN	1	2	3
2		Log	${tmp}			
3	END					
4	@{var_1}	Create List	a	b	c	
5	FOR	${tmp}	IN	@{var_1}		
6		Log	${tmp}			
7	END					
8	FOR	${tmp}	IN RANGE	5		
9		Log	${tmp}			
10	END					
11						

图 4-5　循环

执行以上测试用例输出结果如下所示。

```
Starting test: KDT. TestSuite 001. TestCase_001
20200316 12:45:23.792 :  INFO : 1
20200316 12:45:23.793 :  INFO : 2
20200316 12:45:23.794 :  INFO : 3
20200316 12:45:23.795 :  INFO : @{var_1} = [ a | b | c ]
20200316 12:45:23.797 :  INFO : a
20200316 12:45:23.798 :  INFO : b
20200316 12:45:23.799 :  INFO : c
20200316 12:45:23.801 :  INFO : 0
20200316 12:45:23.802 :  INFO : 1
20200316 12:45:23.804 :  INFO : 2
20200316 12:45:23.805 :  INFO : 3
20200316 12:45:23.806 :  INFO : 4
Ending test:    KDT. TestSuite 001. TestCase_001
```

Robot Framework 的循环语句中也支持继续循环（即跳过当次循环）和中止循环，如图 4-6 所示。执行该测试用例，可以看到 3 并没有打印出来，而等于 5 时就提前中止了循环，因此打印的值只有 0、1、2 和 4。

```
Starting test: KDT. TestSuite 001. TestCase_001
20200316 12:53:08.043 :  INFO : 0
20200316 12:53:08.046 :  INFO : 1
20200316 12:53:08.050 :  INFO : 2
20200316 12:53:08.051 :  INFO : Continuing for loop from the next iteration.
20200316 12:53:08.054 :  INFO : 4
```

20200316 12:53:08.057 :　INFO : Exiting for loop altogether.
Ending test:　KDT. TestSuite 001. TestCase_001

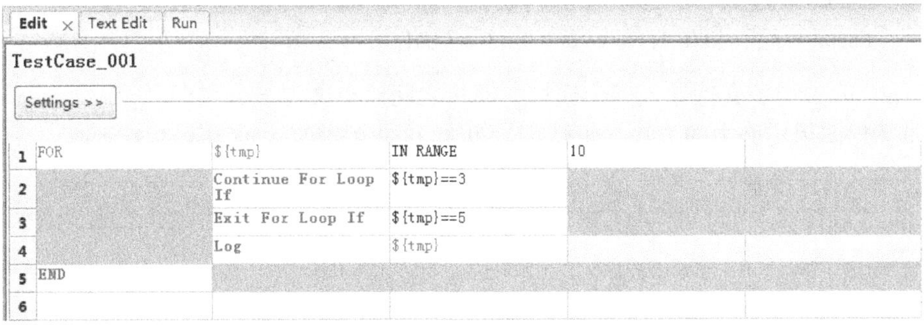

Edit　Text Edit　Run

TestCase_001

Settings >>

1	FOR	${tmp}	IN RANGE	10	
2		Continue For Loop If	${tmp}==3		
3		Exit For Loop If	${tmp}==5		
4		Log	${tmp}		
5	END				
6					

图 4-6　继续循环和中止循环

还有一种比较笨拙的方式也能达到该效果，那就是配合 Run Keyword If 来使用，如图 4-7 所示。

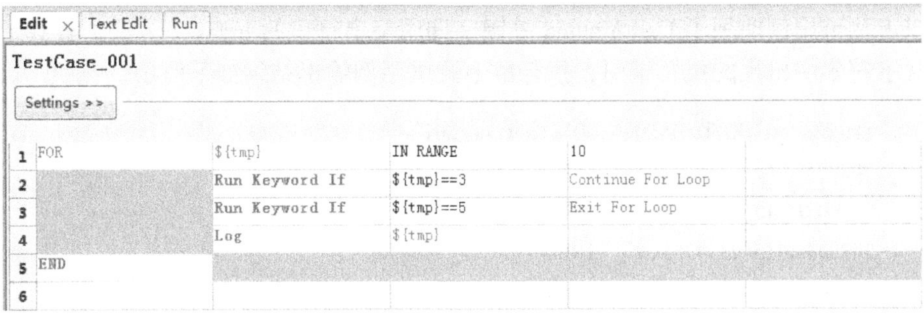

Edit　Text Edit　Run

TestCase_001

Settings >>

1	FOR	${tmp}	IN RANGE	10	
2		Run Keyword If	${tmp}==3	Continue For Loop	
3		Run Keyword If	${tmp}==5	Exit For Loop	
4		Log	${tmp}		
5	END				
6					

图 4-7　使用 Run Keyword If 实现继续循环和中止循环

5. 执行 Python 代码

有时候现有的关键字不满足使用需求，可以借助 Evaluate 关键字来直接执行 Python 代码，如图 4-8 所示。

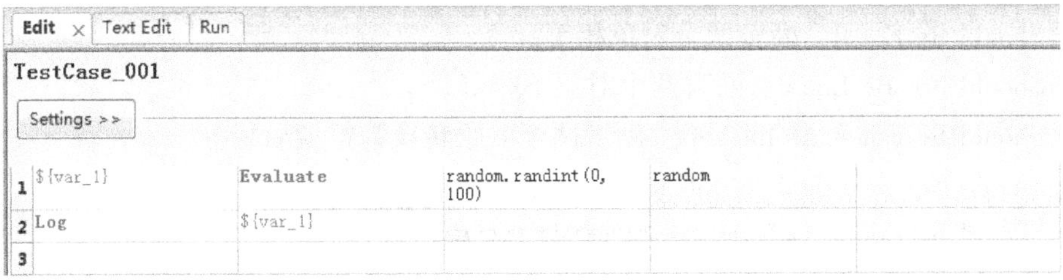

Edit　Text Edit　Run

TestCase_001

Settings >>

1	${var_1}	Evaluate	random.randint(0, 100)	random	
2	Log	${var_1}			
3					

图 4-8　Evaluate 关键字的用法

这里使用了模块 random 的 randint( ) 函数，该函数返回一个指定范围的随机整数，执行以上测试用例输出结果如下所示。

```
Starting test：KDT. TestSuite 001. TestCase_001
20200316 15:11:57.584 :  INFO : ${var_1} = 85
20200316 15:11:57.585 :  INFO : 85
Ending test：  KDT. TestSuite 001. TestCase_001
```

Evaluate 关键字支持导入多个模块，模块之间以英文逗号分隔即可。

如果想调用实例中的方法，可使用 Call Method 关键字，如图 4-9 所示。

Edit | Text Edit | Run

TestCase_001

Settings >>

1	${var_1}	Set Variable	Hello World!			
2	Log	${var_1}				
3	${var_2}	Call Method	${var_1}	index	W	
4	Log	${var_2}				
5						

图 4-9　Call Method 关键字的用法

以上测试用例使用了 Call Method 关键字调用字串符里的 index( )方法，查找子字符串在父字符串中出现的位置索引，执行以上测试用例输出结果如下所示。

```
Starting test：KDT. TestSuite 001. TestCase_001
20200316 15:23:47.114 :  INFO : ${var_1} = Hello World!
20200316 15:23:47.115 :  INFO : Hello World!
20200316 15:23:47.116 :  INFO : ${var_2} = 6
20200316 15:23:47.117 :  INFO : 6
Ending test：  KDT. TestSuite 001. TestCase_001
```

6. 断言

Robot Framework 内置了许多断言关键字，具体如下。

- Should Be Empty：断言指定对象为空。
- Should Not Be Empty：断言指定对象非空。
- Should Be Equal：断言两个对象相等。
- Should Not Be Equal：断言两个对象不相等。
- Should Be Equal As Integers：断言两个对象转换为整型后相等。
- Should Not Be Equal As Integers：断言两个对象转换为整型后不相等。
- Should Be Equal As Numbers：断言两个对象转换为数字类型后相等。
- Should Not Be Equal As Numbers：断言两个对象转换为数字类型后不相等。
- Should Be Equal As Strings：断言两个对象转换为字符串后相等。
- Should Not Be Equal As Strings：断言两个对象转换为字符串后不相等。
- Should Be True：断言条件为真。

- Should Not Be True：断言条件为假。
- Should Contain：断言容器中包含指定元素，容器可以是字符串、列表等。
- Should Not Contain：断言容器中不包含指定元素，容器可以是字符串、列表等。
- Should Contain Any：断言容器中包含指定的任一元素，容器可以是字符串、列表等。
- Should Not Contain Any：断言容器中不包含指定的任一元素，容器可以是字符串、列表等。
- Should Contain X Times：断言字符串 1 包含 X 次字符串 2。

Should Contain X Times 关键字相对较难理解，来看一个具体示例，如图 4-10 所示。

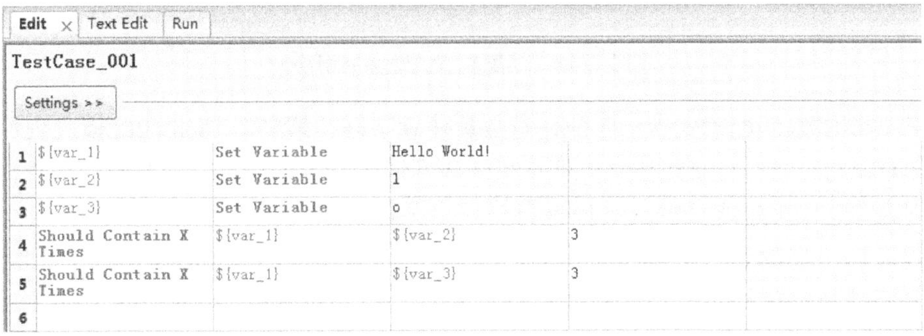

Edit　Text Edit　Run

TestCase_001

Settings >>

1	${var_1}	Set Variable	Hello World!		
2	${var_2}	Set Variable	1		
3	${var_3}	Set Variable	o		
4	Should Contain X Times	${var_1}	${var_2}	3	
5	Should Contain X Times	${var_1}	${var_3}	3	
6					

图 4-10　Should Contain X Times 关键字的用法

执行以上测试用例，执行失败了，原因是“Hello World!”字符串只包含 2 个“o”，期望是包含 3 个。这一点从以下输出结果中也可以看出来。

```
Starting test: KDT. TestSuite 001. TestCase_001
20200316 16:39:42. 201 :   INFO : ${var_1} = Hello World!
20200316 16:39:42. 202 :   INFO : ${var_2} = 1
20200316 16:39:42. 203 :   INFO : ${var_3} = o
20200316 16:39:42. 204 :   INFO : Item found from the first item 3 times
20200316 16:39:42. 205 :   INFO : Item found from the first item 2 times
20200316 16:39:42. 205 :   FAIL : 'Hello World! ' contains 'o' 2 times, not 3 times.
Ending test:   KDT. TestSuite 001. TestCase_001
```

- Should Start With：断言字符串 1 以字符串 2 开头。
- Should Not Start With：断言字符串 1 不以字符串 2 开头。
- Should End With：断言字符串 1 以字符串 2 结尾。
- Should Not End With：断言字符串 1 不以字符串 2 结尾。
- Should Match：断言字符串匹配指定的模式（使用 Glob 匹配模式）。
- Should Not Match：断言字符串不匹配指定的模式（使用 Glob 匹配模式）。
- Should Match Regexp：断言字符串匹配指定的模式（使用正则表达式匹配模式）。
- Should Not Match Regexp：断言字符串不匹配指定的模式（使用正则表达式匹配

模式)。

现对 4 种匹配断言给出使用示例，如图 4-11 所示。

Edit × | Text Edit | Run

TestCase_001

Settings >>

1	Should Match	Python	P*	
2	Should Not Match	Python	P?	
3	Should Match Regexp	Python	P.thon	
4	Should Not Match Regexp	Python	P[0-9]thon	
5				

图 4-11　匹配断言关键字的用法

第一个 Glob 匹配模式表示匹配任意数量任意字符；第二个 Glob 匹配模式表示匹配一个任意字符；第一个正则表达式匹配模式表示匹配一个除换行符外的任意字符；第二个正则表达式匹配模式表示匹配 0~9 其中一个字符。

有关 Glob 匹配和正则表达式匹配，有兴趣的读者可自行查阅相关资料进行了解。

Robot Framework 还有个类似 TestNG 中 fail( ) 方法的关键字，即 Fail 关键字，执行它会直接抛出断言异常。

7. 其他

有两个常用关键字不属于以上类别，这里单独介绍一下：Comment 关键字提供注释功能，相当于 Python 的井号（#）或 Java 的双斜杠（//）；Wait Until Keyword Succeeds 关键字用于等待指定的关键字执行成功，它可指定超时时间（或重试次数）和失败后等待重试的时间间隔，如图 4-12 所示。

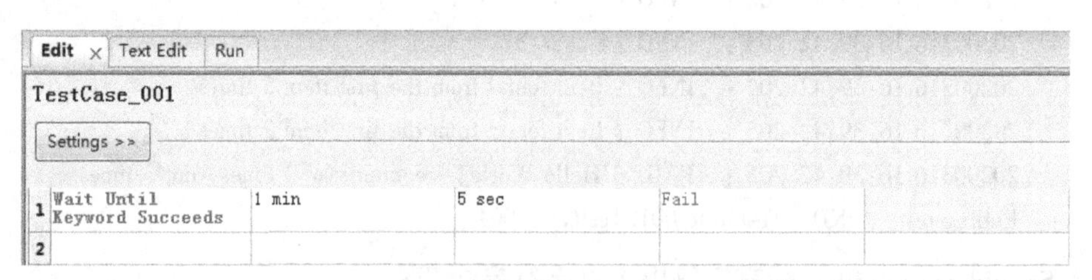

Edit × | Text Edit | Run

TestCase_001

Settings >>

1	Wait Until Keyword Succeeds	1 min	5 sec	Fail	
2					

图 4-12　Wait Until Keyword Succeeds 关键字的用法

如果在指定的超时时间（或重试次数）后仍然执行失败，那 Wait Until Keyword Succeeds 关键字被认为执行失败，执行以上测试用例输出结果如下所示。

```
Starting test: KDT. TestSuite 001. TestCase_001
20200316 17:31:06.715 :  FAIL : AssertionError
20200316 17:31:11.718 :  FAIL : AssertionError
20200316 17:31:16.722 :  FAIL : AssertionError
```

20200316 17:31:21.727 :　FAIL : AssertionError
20200316 17:31:26.732 :　FAIL : AssertionError
20200316 17:31:31.736 :　FAIL : AssertionError
20200316 17:31:36.739 :　FAIL : AssertionError
20200316 17:31:41.744 :　FAIL : AssertionError
20200316 17:31:46.747 :　FAIL : AssertionError
20200316 17:31:51.750 :　FAIL : AssertionError
20200316 17:31:56.752 :　FAIL : AssertionError
20200316 17:32:01.755 :　FAIL : AssertionError
20200316 17:32:06.760 :　FAIL : AssertionError
20200316 17:32:06.762 :　FAIL : Keyword 'Fail' failed after retrying for 1 minute. The last error was: AssertionError
Ending test:　KDT. TestSuite 001. TestCase_001

以上为 BuiltIn 关键字库中常用的关键字，整个 BuiltIn 关键字库中的关键字多达 100 多个，所以在此不一一介绍。有兴趣的读者可自行查阅相关资料了解其他关键字的用法。

4.2.2　Collections 关键字库

Collections 关键字库提供处理 Python 列表和字典的能力，本节对其中一些常用的关键字进行介绍。

1. 列表操作

可使用 Get From List 关键字通过索引获取列表元素，还可使用 Get Slice From List 关键字进行切片操作，如图 4-13 所示。

Edit | Text Edit | Run

TestCase_002

Settings >>

1	@{var_1}	Create List	a	b	c	
2	${var_2}	Get From List	${var_1}	1		
3	Log	${var_2}				
4	@{var_3}	Get Slice From List	${var_1}	0	2	
5	Log Many	@{var_3}				
6						

图 4-13　获取列表元素和切片

如果定义的变量为列表或字典，在引用时会被展开，因此在以上两个关键字中换用美元符号（$）来引用变量。执行以上测试用例输出结果如下所示。

Starting test: KDT. TestSuite 001. TestCase_002

```
20200316 19:33:33.740 :  INFO : @{var_1} = [ a | b | c ]
20200316 19:33:33.741 :  INFO : ${var_2} = b
20200316 19:33:33.742 :  INFO : b
20200316 19:33:33.743 :  INFO : @{var_3} = [ a | b ]
20200316 19:33:33.743 :  INFO : a
20200316 19:33:33.744 :  INFO : b
Ending test:  KDT.TestSuite 001.TestCase_002
```

Insert Into List 关键字用于在指定列表的指定位置索引处插入元素；Append To List 关键字用于在指定列表末尾追加元素；Set List Value 关键字用于修改指定位置索引的元素。它们的用法如图 4-14 所示。

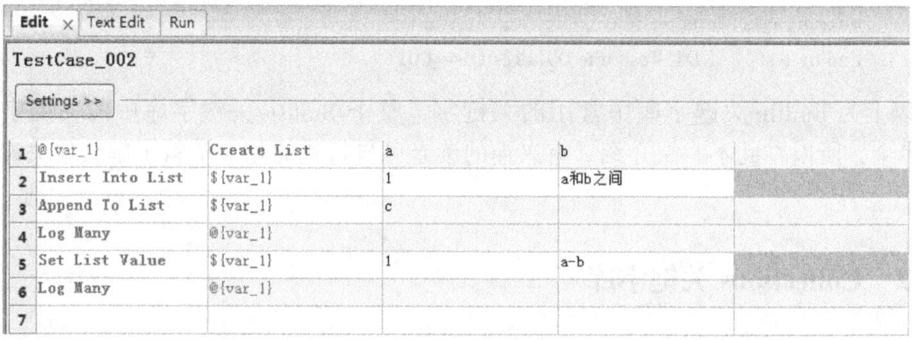

Edit | Text Edit | Run

TestCase_002

Settings >>

1	@{var_1}	Create List	a	b
2	Insert Into List	${var_1}	1	a和b之间
3	Append To List	${var_1}	c	
4	Log Many	@{var_1}		
5	Set List Value	${var_1}	1	a-b
6	Log Many	@{var_1}		
7				

图 4-14　修改列表元素

执行以上测试用例输出结果如下所示。

```
Starting test: KDT.TestSuite 001.TestCase_002
20200316 19:52:17.154 :  INFO : @{var_1} = [ a | b ]
20200316 19:52:17.158 :  INFO : a
20200316 19:52:17.158 :  INFO : a 和 b 之间
20200316 19:52:17.158 :  INFO : b
20200316 19:52:17.158 :  INFO : c
20200316 19:52:17.161 :  INFO : a
20200316 19:52:17.161 :  INFO : a-b
20200316 19:52:17.161 :  INFO : b
20200316 19:52:17.161 :  INFO : c
Ending test:  KDT.TestSuite 001.TestCase_002
```

Remove From List 和 Remove Values From List 关键字分别用于删除列表中指定位置索引和指定值的元素，它们的用法如图 4-15 所示。

列表中有 3 个元素，分别使用以上关键字删除其中一个，最后只剩下一个元素，执行该测试用例输出结果如下所示。

```
Starting test: KDT.TestSuite 001.TestCase_002
```

20200316 19:57:24.379 :　INFO : @{var_1} = [a | b | c]
20200316 19:57:24.381 :　INFO : a
Ending test:　KDT.TestSuite 001.TestCase_002

Edit | Text Edit | Run

TestCase_002

Settings >>

1	@{var_1}	Create List	a	b	c
2	Remove From List	${var_1}	1		
3	Remove Values From List	${var_1}	c		
4	Log Many	@{var_1}			
5					

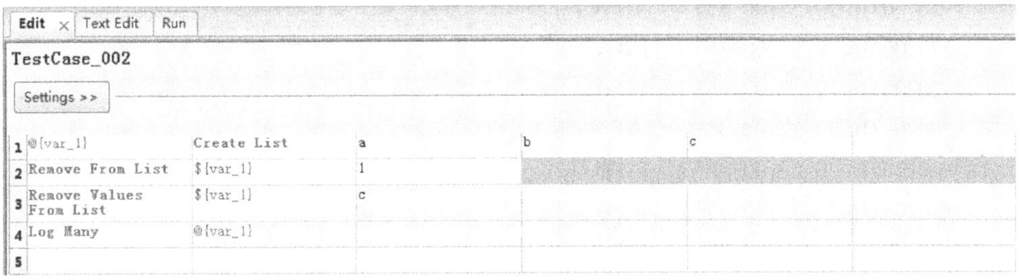

图 4-15　删除列表元素

列表操作中有一些断言关键字，可结合 BuiltIn 中的断言关键字一起使用。
List Should Contain Value：断言列表中包含指定元素。
List Should Not Contain Value：断言列表中不包含指定元素。
List Should Contain Sub List：断言列表 1 包含列表 2 中的所有元素。
List Should Not Contain Duplicates：断言列表中不包含重复元素。
Lists Should Be Equal：断言列表 1 与列表 2 相等。
Should Contain Match：断言列表中包含指定匹配模式的元素。
Should Not Contain Match：断言列表中不包含指定匹配模式的元素。

2. 字典操作

Get Dictionary Keys 和 Get Dictionary Values 关键字分别用于获取指定字典的所有键和所有值。也可使用 Get From Dictionary 关键字通过指定键获取对应的值。它们的用法如图 4-16 所示。

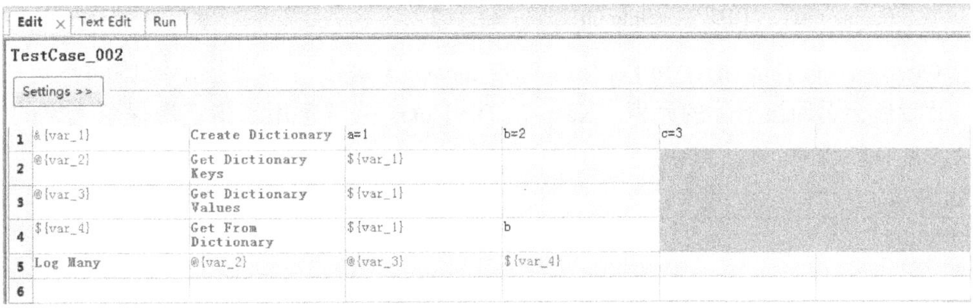

Edit | Text Edit | Run

TestCase_002

Settings >>

1	&{var_1}	Create Dictionary	a=1	b=2	c=3
2	@{var_2}	Get Dictionary Keys	${var_1}		
3	@{var_3}	Get Dictionary Values	${var_1}		
4	${var_4}	Get From Dictionary	${var_1}	b	
5	Log Many	@{var_2}	@{var_3}	${var_4}	
6					

图 4-16　获取字典元素

执行以上测试用例输出结果如下所示。

Starting test: KDT.TestSuite 001.TestCase_002
20200316 20:52:00.348 :　INFO : &{var_1} = { a=1 | b=2 | c=3 }

```
20200316 20:52:00.349 :  INFO : @{var_2} = [ a | b | c ]
20200316 20:52:00.350 :  INFO : @{var_3} = [ 1 | 2 | 3 ]
20200316 20:52:00.351 :  INFO : ${var_4} = 2
20200316 20:52:00.352 :  INFO : a
20200316 20:52:00.352 :  INFO : b
20200316 20:52:00.353 :  INFO : c
20200316 20:52:00.353 :  INFO : 1
20200316 20:52:00.353 :  INFO : 2
20200316 20:52:00.353 :  INFO : 3
20200316 20:52:00.353 :  INFO : 2
Ending test:   KDT.TestSuite 001.TestCase_002
```

Set To Dictionary 关键字用于修改字典中指定键对应的值，用法如图 4-17 所示。

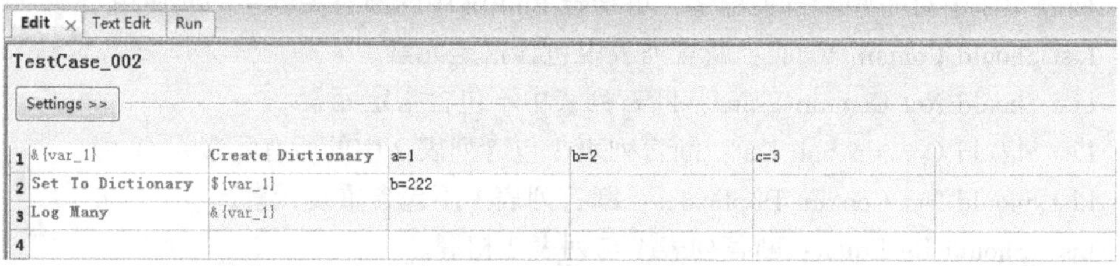

Edit × | Text Edit | Run

TestCase_002

Settings >>

1	&{var_1}	Create Dictionary	a=1	b=2	c=3
2	Set To Dictionary	${var_1}	b=222		
3	Log Many	&{var_1}			
4					

图 4-17　修改字典元素

执行以上测试用例，从输出结果可以看出字典中键 b 的值已经被修改为 222。

```
Starting test: KDT.TestSuite 001.TestCase_002
20200316 21:17:16.787 :  INFO : &{var_1} = { a=1 | b=2 | c=3 }
20200316 21:17:16.789 :  INFO : a=1
20200316 21:17:16.789 :  INFO : b=222
20200316 21:17:16.789 :  INFO : c=3
Ending test:   KDT.TestSuite 001.TestCase_002
```

Remove From Dictionary 和 Pop From Dictionary 关键字均通过指定键删除指定的元素，后者还会返回被删除的元素。Keep In Dictionary 关键字用于指定需保留元素的键，其余元素将被删除。它们的用法如图 4-18 所示。

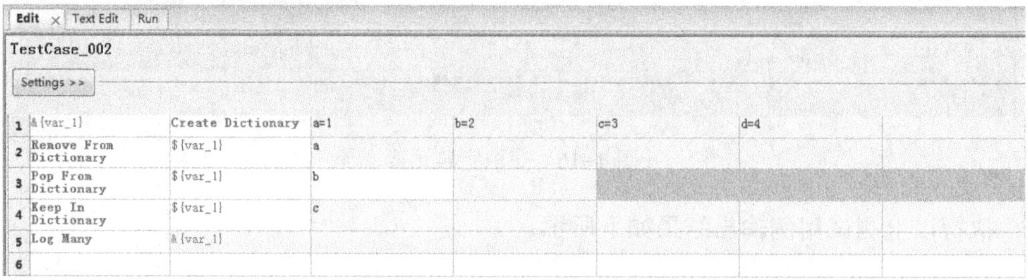

Edit × | Text Edit | Run

TestCase_002

Settings >>

1	&{var_1}	Create Dictionary	a=1	b=2	c=3	d=4
2	Remove From Dictionary	${var_1}	a			
3	Pop From Dictionary	${var_1}	b			
4	Keep In Dictionary	${var_1}	c			
5	Log Many	&{var_1}				
6						

图 4-18　删除字典元素

执行以上测试用例输出结果如下所示。

```
Starting test: KDT. TestSuite 001. TestCase_002
20200316 21:28:53. 577 :  INFO : &{var_1} = { a=1 | b=2 | c=3 | d=4 }
20200316 21:28:53. 578 :  INFO : Removed item with key 'a' and value '1'.
20200316 21:28:53. 583 :  INFO : Removed item with key 'd' and value '4'.
20200316 21:28:53. 586 :  INFO : c=3
Ending test:  KDT. TestSuite 001. TestCase_002
```

字典操作中有一些断言关键字，可结合 BuiltIn 中的断言关键字一起使用：

Dictionary Should Contain Key：断言字典中包含指定 Key。

Dictionary Should Not Contain Key：断言字典中不包含指定 Key。

Dictionary Should Contain Value：断言字典中包含指定 Value。

Dictionary Should Not Contain Value：断言字典中不包含指定 Value。

Dictionary Should Contain Item：断言字典中包含指定 Key-Value。

Dictionary Should Contain Sub Dictionary：断言字典 1 包含字典 2 中的所有元素。

Dictionaries Should Be Equal：断言字典 1 与字典 2 相等。

4.2.3　DateTime 关键字库

DateTime 关键字库提供处理日期和时间转换的能力。

Get Current Date 关键字用于获取日期；Convert Date 和 Convert Time 关键字分别用于日期和时间的格式转换。它们的用法如图 4-19 所示。

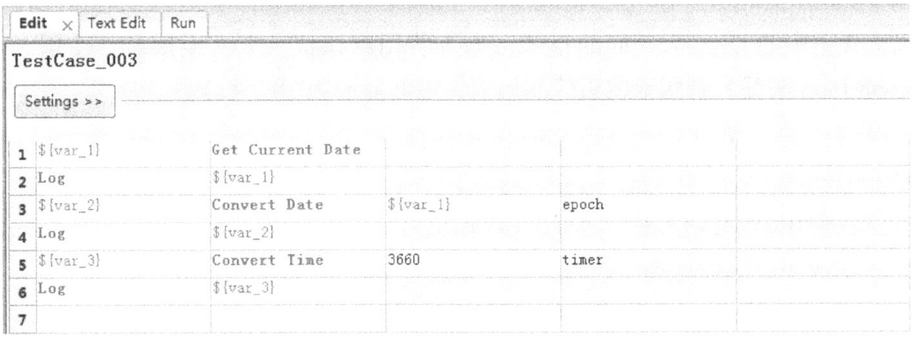

Edit　Text Edit　Run

TestCase_003

Settings >>

1	${var_1}	Get Current Date			
2	Log	${var_1}			
3	${var_2}	Convert Date	${var_1}	epoch	
4	Log	${var_2}			
5	${var_3}	Convert Time	3660	timer	
6	Log	${var_3}			
7					

图 4-19　获取日期和时间

以上测试用例使用 Convert Date 关键字将日期转换为时间戳，使用 Convert Time 关键字将 3660 s 转换为 01:01:00. 000。执行以上测试用例输出结果如下所示。

```
Starting test: KDT. TestSuite 001. TestCase_003
20200316 22:24:33. 084 :  INFO : ${var_1} = 2020-03-16 22:24:33. 084
```

```
20200316 22:24:33.085 :   INFO : 2020-03-16 22:24:33.084
20200316 22:24:33.089 :   INFO : ${var_2} = 1584368673.084
20200316 22:24:33.090 :   INFO : 1584368673.084
20200316 22:24:33.091 :   INFO : ${var_3} = 01:01:00.000
20200316 22:24:33.092 :   INFO : 01:01:00.000
Ending test:   KDT.TestSuite 001.TestCase_003
```

DateTime 关键字库还提供了对日期和时间进行加减运算的便捷操作。Add Time To Date 和 Add Time To Time 关键字分别将时间与日期和时间相加。Subtract Date From Date、Subtract Time From Date 和 Subtract Time From Time 关键字则用于相减的操作。它们的用法如图 4-20 所示。

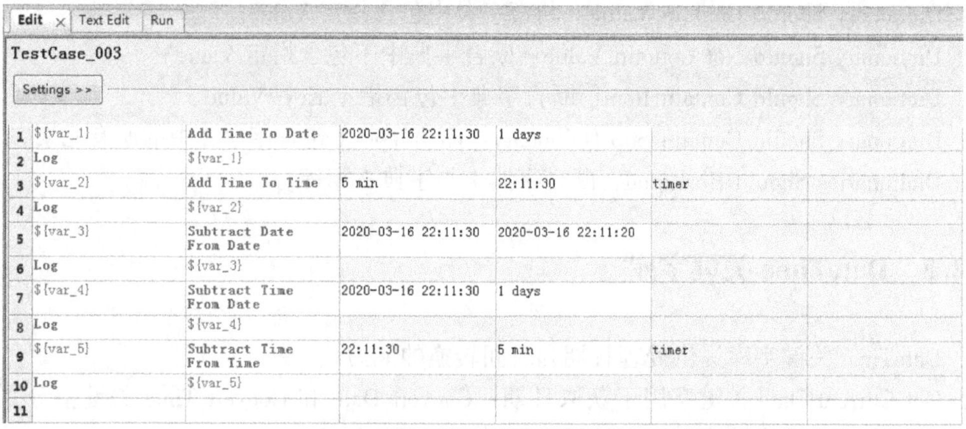

Edit × Text Edit Run

TestCase_003

Settings >>

1	${var_1}	Add Time To Date	2020-03-16 22:11:30	1 days		
2	Log	${var_1}				
3	${var_2}	Add Time To Time	5 min	22:11:30	timer	
4	Log	${var_2}				
5	${var_3}	Subtract Date From Date	2020-03-16 22:11:30	2020-03-16 22:11:20		
6	Log	${var_3}				
7	${var_4}	Subtract Time From Date	2020-03-16 22:11:30	1 days		
8	Log	${var_4}				
9	${var_5}	Subtract Time From Time	22:11:30	5 min	timer	
10	Log	${var_5}				
11						

图 4-20　日期和时间的加减运算

以上代码中的 timer 为返回的格式，如果使用默认值，那么返回秒。使用 Subtract Date From Date 关键字时就未覆盖该默认值，因此返回 10.0（秒）。

```
Starting test: KDT.TestSuite 001.TestCase_003
20200316 22:42:55.550 :   INFO : ${var_1} = 2020-03-17 22:11:30.000
20200316 22:42:55.551 :   INFO : 2020-03-17 22:11:30.000
20200316 22:42:55.552 :   INFO : ${var_2} = 22:16:30.000
20200316 22:42:55.552 :   INFO : 22:16:30.000
20200316 22:42:55.553 :   INFO : ${var_3} = 10.0
20200316 22:42:55.554 :   INFO : 10.0
20200316 22:42:55.555 :   INFO : ${var_4} = 2020-03-15 22:11:30.000
20200316 22:42:55.556 :   INFO : 2020-03-15 22:11:30.000
20200316 22:42:55.557 :   INFO : ${var_5} = 22:06:30.000
20200316 22:42:55.557 :   INFO : 22:06:30.000
Ending test:   KDT.TestSuite 001.TestCase_003
```

4.2.4　Dialogs 关键字库

Dialogs 关键字库提供人工介入的功能。既然是自动化测试，自然不提倡人工介入，因此除非万不得已，否则不要使用该关键字库中的关键字。

Dialogs 关键字库中的关键字共 5 个。

1）Pause Execution：显示一个提示对话框，只有“OK”按钮，如图 4-21 所示。

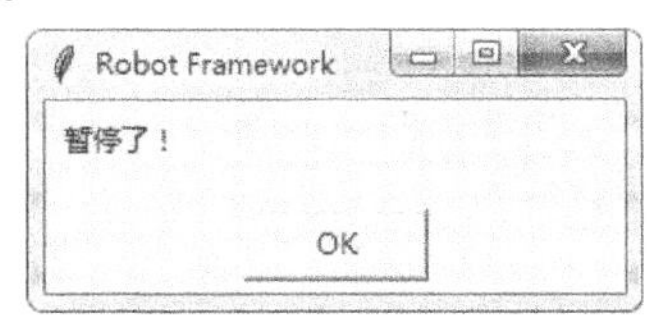

图 4-21　提示对话框

2）Execute Manual Step：显示一个选择对话框，提供“PASS”和“FAIL”按钮，若单击“PASS”按钮测试用例执行成功，如图 4-22 所示。

3）Get Value From User：显示一个输入对话框，提供输入框、“OK”和“Cancel”按钮，如图 4-23 所示。

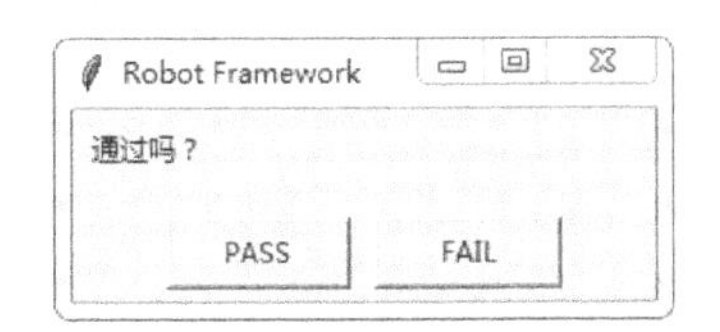

图 4-22　选择对话框

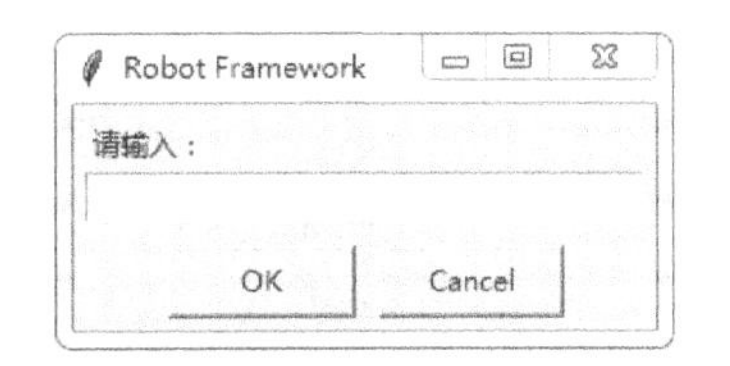

图 4-23　输入对话框

4）Get Selection From User：用于单选，提供选项、“OK”和“Cancel”按钮，如图 4-24 所示。

5）Get Selections From User：用于多选，提供选项、“OK”和“Cancel”按钮，如图 4-25 所示。

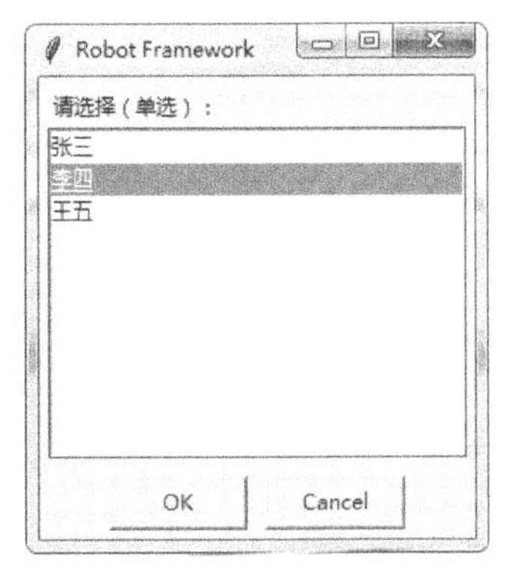

图 4-24　单选对话框

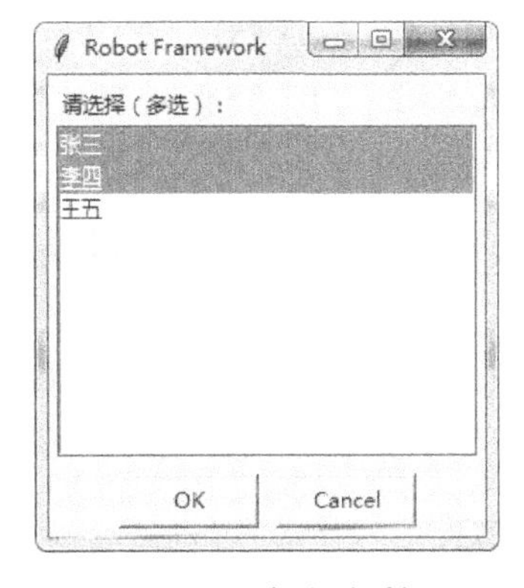

图 4-25　多选对话框

生成以上弹窗的测试用例如图 4-26 所示。

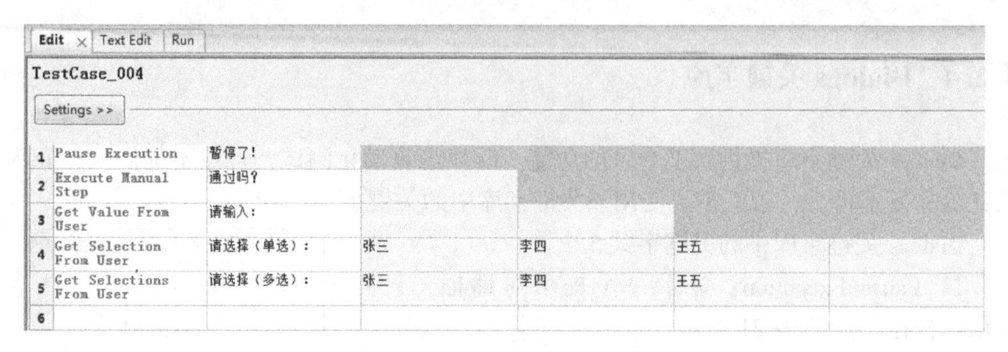

图 4-26　对话框关键字的用法

4.2.5　Easter 关键字库

Easter 关键字库只有一个名为 None Shall Pass 的关键字，其作用是强制抛出断言异常，如图 4-27 所示。

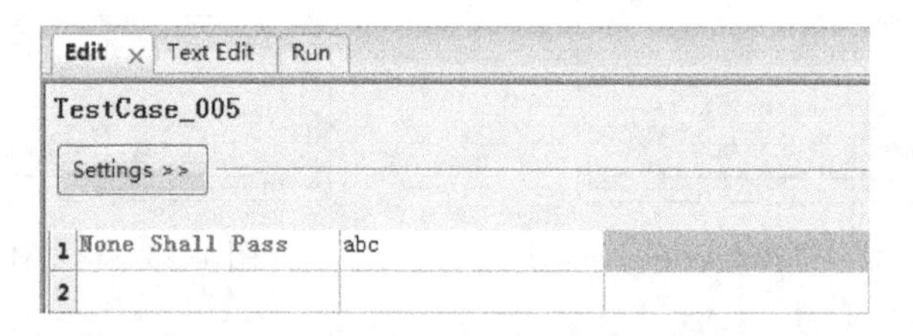

图 4-27　None Shall Pass 关键字的用法

执行以上测试用例输出结果为失败。

```
Starting test: KDT. TestSuite 001. TestCase_005
20200316 23:18:03. 883 :   FAIL : None shall pass!
Ending test:   KDT. TestSuite 001. TestCase_005
```

4.2.6　OperatingSystem 关键字库

OperatingSystem 关键字库允许在 Robot Framework 运行的系统中执行各种与系统相关的任务，本节对其中一些常用的关键字进行介绍。

1. 文件操作

Create File 关键字用于创建文件；Get File 关键字用于读取文件；Append To File 关键字用于在文件中追加内容。它们的用法如图 4-28 所示。

执行以上测试用例，从输出结果可以看到，追加内容默认是不会增加换行符的，如需将追加的内容换行，需要手动增加换行符。

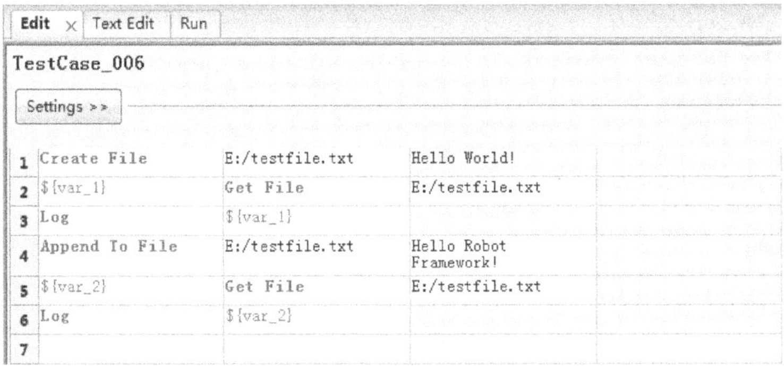

Edit | Text Edit | Run

TestCase_006

Settings >>

1	Create File	E:/testfile.txt	Hello World!	
2	${var_1}	Get File	E:/testfile.txt	
3	Log	${var_1}		
4	Append To File	E:/testfile.txt	Hello Robot Framework!	
5	${var_2}	Get File	E:/testfile.txt	
6	Log	${var_2}		
7				

图 4-28 读写文件

```
Starting test: KDT. TestSuite 001. TestCase_006
20200317 13:09:34.488 : INFO : Created file '<a href="file://E:\testfile.txt">E:\testfile.txt</a>'.
20200317 13:09:34.490 : INFO : Getting file '<a href="file://E:\testfile.txt">E:\testfile.txt</a>'.
20200317 13:09:34.490 : INFO : ${var_1} = Hello World!
20200317 13:09:34.491 : INFO : Hello World!
20200317 13:09:34.498 : INFO : Appended to file '<a href="file://E:\testfile.txt">E:\testfile.txt</a>'.
20200317 13:09:34.499 : INFO : Getting file '<a href="file://E:\testfile.txt">E:\testfile.txt</a>'.
20200317 13:09:34.499 : INFO : ${var_2} = Hello World! Hello Robot Framework!
20200317 13:09:34.500 : INFO : Hello World! Hello Robot Framework!
Ending test: KDT. TestSuite 001. TestCase_006
```

执行以上测试用例后，到 E 盘根目录打开名为“testfile”的 txt 文件，文件内容与上述打印结果一致。

对文件进行复制、移动和删除操作分别使用 Copy File、Move File 和 Remove File 关键字。它们的用法如图 4-29 所示。

图 4-29 中的代码先将 testfile.txt 文件复制到了 D 盘根目录，然后再将 testfile.txt 文件移动到 C 盘根目录，最后删除了这些文件。

文件操作中有一些断言关键字，可结合 BuiltIn 中的断言关键字一起使用。

1）File Should Exist：断言文件存在。以上测试用例已演示其用法。

2）File Should Not Exist：断言文件不存在。以上测试用例已演示其用法。

3）File Should Be Empty：断言文件为空。

4）File Should Not Be Empty：断言文件非空。

2. 目录操作

Create Directory、List Directory 和 Empty Directory 关键字分别用于创建目录、列出目

Edit | Text Edit | Run

TestCase_006

Settings >>

1	Copy File	E:/testfile.txt	D:	
2	File Should Exist	D:/testfile.txt		
3	Move File	E:/testfile.txt	C:	
4	File Should Exist	C:/testfile.txt		
5	Remove File	D:/testfile.txt		
6	File Should Not Exist	D:/testfile.txt		
7	Remove File	C:/testfile.txt		
8	File Should Not Exist	C:/testfile.txt		
9				

图 4-29　复制、移动和删除文件

录中的内容和清空目录。它们的用法如图 4-30 所示。

Edit | Text Edit | Run

TestCase_006

Settings >>

1	${dir}	Set Variable	E:/testdir	
2	Create Directory	${dir}/dir_1		
3	Create Directory	${dir}/dir_2		
4	Create File	${dir}/file.txt		
5	@{var_1}	List Directory	${dir}	
6	Log Many	@{var_1}		
7	Directory Should Not Be Empty	${dir}		
8	Empty Directory	${dir}		
9	Directory Should Be Empty	${dir}		
10				

图 4-30　创建、遍历和清空目录

执行以上测试用例输出结果如下所示。

Starting test: KDT. TestSuite 001. TestCase_006

20200317 14:28:11. 870 : INFO : ${dir} = E:/testdir

20200317 14:28:11. 872 : INFO : Created directory '<a href="file://E:\testdir\dir_1">E:\testdir\dir_1</a>'.

20200317 14:28:11. 873 : INFO : Created directory '<a href="file://E:\testdir\dir_2">E:\testdir\dir_2</a>'.

20200317 14:28:11. 875 : INFO : Created file '<a href="file://E:\testdir\file. txt">E:\testdir\file. txt</a>'.

20200317 14:28:11. 876 : INFO : Listing contents of directory '<a href="file://E:\testdir">E:\testdir</a>'.

20200317 14:28:11. 876 : INFO :

```
3 items:
dir_1
dir_2
file. txt
20200317 14:28:11.876 :  INFO : @{var_1} = [ dir_1 | dir_2 | file. txt ]
20200317 14:28:11.877 :  INFO : dir_1
20200317 14:28:11.877 :  INFO : dir_2
20200317 14:28:11.877 :  INFO : file. txt
20200317 14:28:11.879 :  INFO : Listing contents of directory '<a href="file://E:\testdir">
E:\testdir</a>'.
20200317 14:28:11.879 :  INFO : Directory '<a href="file://E:\testdir">E:\testdir</a>'
contains 3 items.
20200317 14:28:11.880 :  INFO : Listing contents of directory '<a href="file://E:\testdir">
E:\testdir</a>'.
20200317 14:28:11.881 :  INFO : Emptied directory '<a href="file://E:\testdir">E:\testdir
</a>'.
20200317 14:28:11.883 :  INFO : Listing contents of directory '<a href="file://E:\testdir">
E:\testdir</a>'.
20200317 14:28:11.883 :  INFO : Directory '<a href="file://E:\testdir">E:\testdir</a>' is
empty.
Ending test:   KDT. TestSuite 001. TestCase_006
```

目录还可以进行复制、移动和删除操作，它们分别使用 Copy Directory、Move Directory 和 Remove Directory 关键字完成。使用方法与文件的复制、移动和删除操作一致，在此不再演示。

目录操作中有一些断言关键字，可结合 BuiltIn 中的断言关键字一起使用：

Directory Should Exist：断言目录存在。

Directory Should Not Exist：断言目录不存在。

Directory Should Be Empty：断言目录为空。以上测试用例已演示其用法。

Directory Should Not Be Empty：断言目录非空。以上测试用例已演示其用法。

另外，还有两个断言关键字同时适用于文件和目录。

Should Exist：断言文件或目录存在。

Should Not Exist：断言文件或目录不存在。

3. 环境变量操作

Set Environment Variable 关键字用于增加或修改环境变量；Append To Environment Variable 关键字用于追加环境变量；Get Environment Variable 关键字用于获取指定的环境变量；Remove Environment Variable 关键字用于删除环境变量。它们的方法如图 4-31 所示。

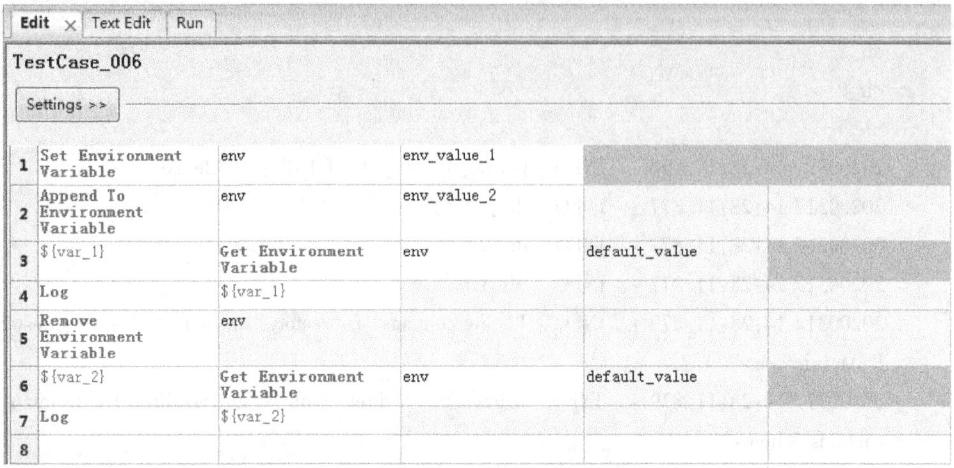

Edit × | Text Edit | Run

TestCase_006

Settings >>

1	Set Environment Variable	env	env_value_1		
2	Append To Environment Variable	env	env_value_2		
3	${var_1}	Get Environment Variable	env	default_value	
4	Log	${var_1}			
5	Remove Environment Variable	env			
6	${var_2}	Get Environment Variable	env	default_value	
7	Log	${var_2}			
8					

图 4-31　环境变量关键字的用法

执行以上测试用例输出结果如下所示。

Starting test：KDT. TestSuite 001. TestCase_006
20200317 14:56:50. 142 ：　INFO ：Environment variable 'env' set to value 'env_value_1'.
20200317 14:56:50. 144 ：　INFO ：Environment variable 'env' set to value 'env_value_1;env_value_2'.
20200317 14:56:50. 145 ：　INFO ：${var_1} = env_value_1;env_value_2
20200317 14:56:50. 146 ：　INFO ：env_value_1;env_value_2
20200317 14:56:50. 147 ：　INFO ：Environment variable 'env' deleted.
20200317 14:56:50. 148 ：　INFO ：${var_2} = default_value
20200317 14:56:50. 149 ：　INFO ：default_value
Ending test：　KDT. TestSuite 001. TestCase_006

环境变量操作中有一些断言关键字，可结合 BuiltIn 中的断言关键字一起使用。

Environment Variable Should Be Set：断言环境变量已设置。

Environment Variable Should Not Be Set：断言环境变量未设置。

4.2.7　Process 关键字库

Process 关键字库用于提供在系统中运行进程的能力。

Run Process 和 Start Process 关键字分别用于在前台和后台运行进程；Get Process Id 和 Get Process Result 关键字分别用于获取进程 ID 和进程执行结果；Terminate Process 关键字用于终止进程。它们的用法如图 4-32 所示。

执行该测试用例，可看到第一个进程正常结束，因此返回码为 0，另一个进程被终止了，因此返回码非 0（示例中为 3221225794）。执行结果如下所示。

```
Starting test: KDT. TestSuite 001. TestCase_007
20200317 16:06:35. 320 :   INFO :
Starting process:
python -c "print('Hello World! ')"
20200317 16:06:35. 352 :   INFO : Waiting for process to complete.
20200317 16:06:35. 419 :   INFO : Process completed.
20200317 16:06:35. 421 :   INFO : ${var_1} = 1336
20200317 16:06:35. 422 :   INFO : 1336
20200317 16:06:35. 422 :   INFO : ${var_2} = <result object with rc 0>
20200317 16:06:35. 423 :   INFO : 0
20200317 16:06:35. 424 :   INFO :
Starting process:
python -c "exec('import time; time. sleep(60)')"
20200317 16:06:35. 436 :   INFO : Gracefully terminating process.
20200317 16:06:35. 536 :   INFO : Process completed.
20200317 16:06:35. 540 :   INFO : ${var_3} = <result object with rc 3221225794>
20200317 16:06:35. 542 :   INFO : 3221225794
Ending test:   KDT. TestSuite 001. TestCase_007
```

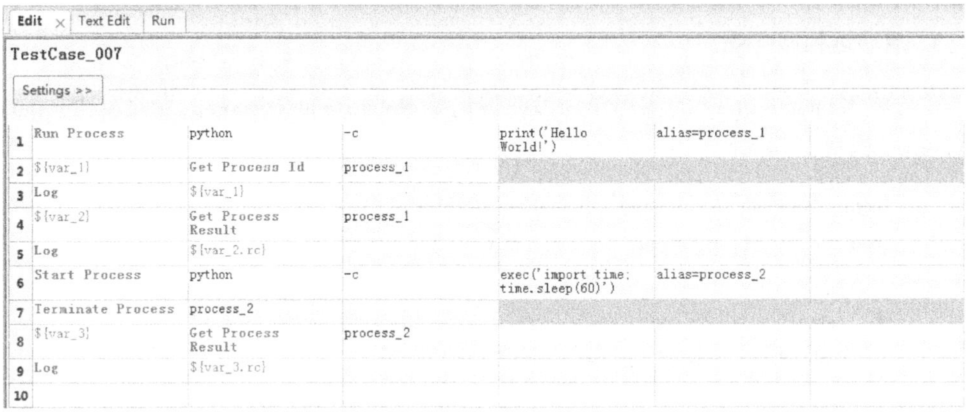

Edit | Text Edit | Run

TestCase_007

Settings >>

1	Run Process	python	-c	print('Hello World!')	alias=process_1	
2	${var_1}	Get Process Id	process_1			
3	Log	${var_1}				
4	${var_2}	Get Process Result	process_1			
5	Log	${var_2.rc}				
6	Start Process	python	-c	exec('import time; time.sleep(60)')	alias=process_2	
7	Terminate Process	process_2				
8	${var_3}	Get Process Result	process_2			
9	Log	${var_3.rc}				
10						

图 4-32　进程关键字的用法

进程操作中有一些断言关键字，可结合 BuiltIn 中的断言关键字一起使用。

Process Should Be Running：断言进程运行中。

Process Should Be Stopped：断言进程已停止。

4.2.8　Remote 关键字库

Remote 关键字库是远程关键字库的本地代理，而远程关键字库的实例需要作为参数传递给远程服务器。

1. 创建远程关键字库

创建一个简单的自定义关键字库作为远程关键字库。

```
class RemoteLibrary:

    def sum(self, *nums):
        result = 0
        for num in nums:
            result += num
        return result
```

由于本节的目的是介绍 Remote 关键字库的使用，因此创建的自定义关键字库很简单。关于自定义关键字库详见 4.2.15 节。

2. 安装远程服务器

在存放远程关键字库的机器上安装远程服务器，安装命令如下。

```
pip install robotremoteserver
```

3. 启动远程服务器

首先将 RemoteLibrary 的实例作为参数传递给 RobotRemoteServer，为此新建 remotelibraryserver 模块，其代码如下。

```
from robotremoteserver import RobotRemoteServer
from RemoteLibrary import RemoteLibrary

if __name__ == '__main__':
    RobotRemoteServer(RemoteLibrary())
```

然后执行以上代码即可启动远程服务器，执行后控制台输出如下，则表示启动成功。

```
Robot Framework remote server at 127.0.0.1:8270 started.
```

由于笔者是在本机启动远程服务器，因此 IP 地址为 127.0.0.1。另外，远程服务器的默认端口为 8270，可在创建 RobotRemoteServer 实例时传入端口号覆盖该默认值。

4. 使用远程关键字

导入 Remote 关键字库即可间接使用 RemoteLibrary 关键字库中的关键字了，如图 4-33 所示。

图 4-33 中的 Stop Remote Server 关键字为 Remote 关键字库自带的关键字，用于关闭远程服务器。Sum 即为 RemoteLibrary 关键字库中的关键字。

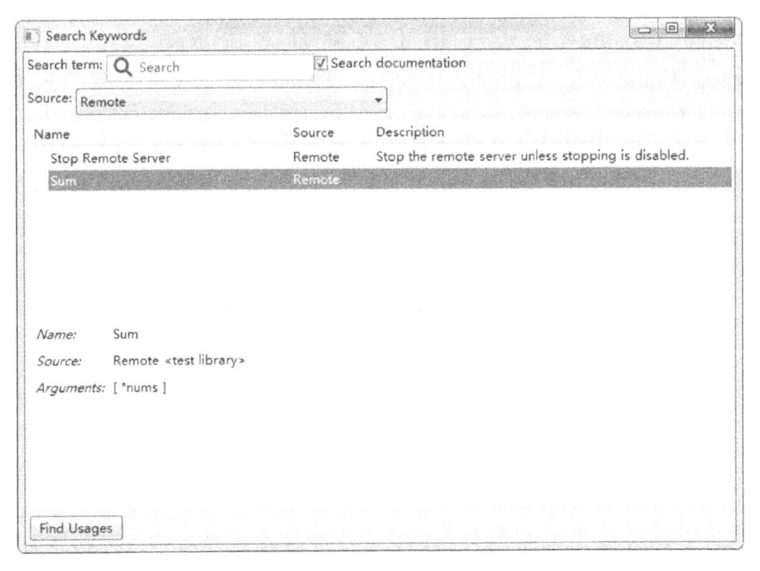

图 4-33　RemoteLibrary 关键字库的关键字

另外，在导入 Remote 关键字库时可使用别名 RemoteLibrary，这样在图 4-33 中的 Source 列会显示成别名 RemoteLibrary，这样可更便于理解。

4.2.9　Reserved 关键字库

Reserved 关键字库中为 Robot Framework 的保留关键字，应避免使用。Reserved 关键字库中一共有 10 个保留关键字，它们都有替代方案。

Break：替代关键字为 Exit For Loop 或 Exit For Loop If。

Continue：替代关键字为 Continue For Loop 或 Continue For Loop If。

Elif：替代关键字为 ELIF。

Else：替代关键字为 ELSE。

Else If：替代关键字为 ELSE IF。

End：替代关键字为 END。

For：替代关键字为 FOR。

If：替代关键字为 Run Keyword If。

Return：无通用替代方案。关键字中若需要返回值，在编写关键字时使用 return 返回即可；用户关键字中若需要返回值，可在编写用户关键字时使用 Return Value、Return From Keyword 或 Return From Kcyword If 返回值。

While：无直接替代方案。可使用 for 循环替代 while 循环。

4.2.10　Screenshot 关键字库

Screenshot 关键字库提供截图功能。

Set Screenshot Directory 关键字用于设置截图目录；Take Screenshot 和 Take Screenshot Without Embedding 关键字用于截图，区别在于前者会将截图嵌入 log 文件中，而后者不会。它们的用法如图 4-34 所示。

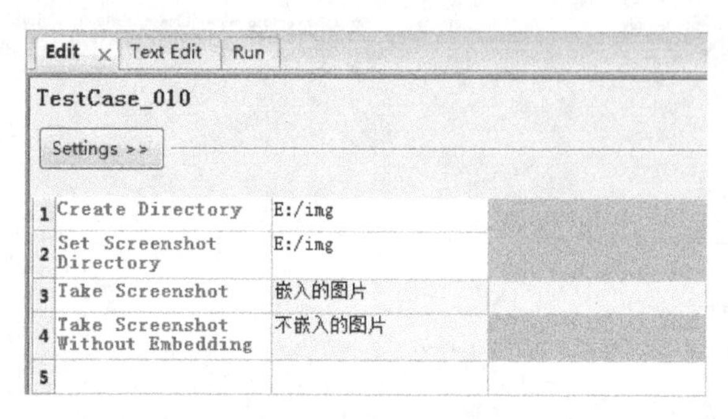

图 4-34　截图关键字的用法

执行以上测试用例后打开 E:\img 目录，可以看到有“嵌入的图片_1.jpg”和“不嵌入的图片_1.jpg”两个图片文件。打开 log.html 文件，可以看到只有“嵌入的图片_1.jpg”被嵌入 log 中，如图 4-35 所示。

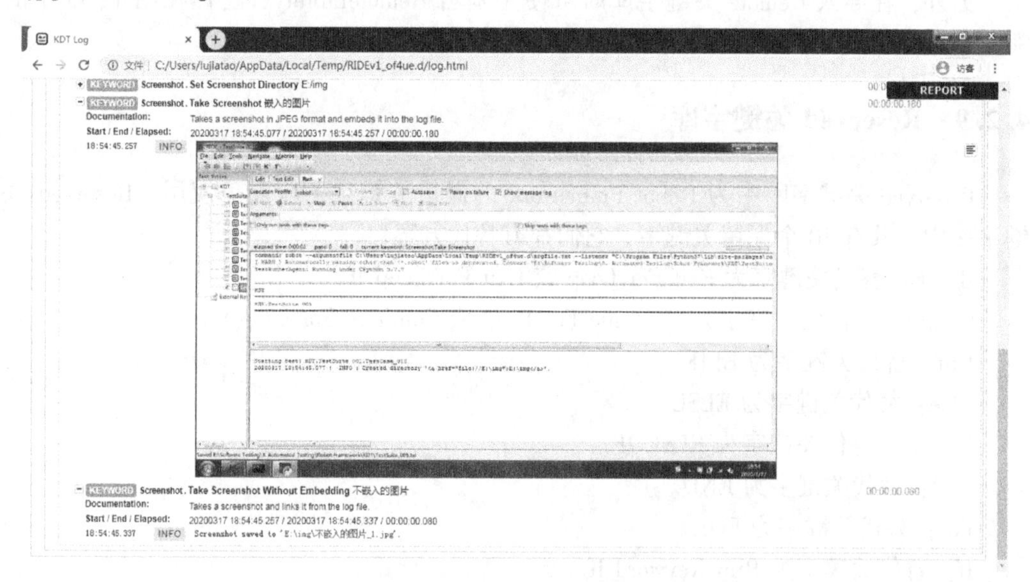

图 4-35　嵌入 log 中的截图

4.2.11　String 关键字库

String 关键字库提供字符串的各种操作，本节对其中一些常用的关键字进行介绍。

Convert To Uppercase 和 Convert To Lowercase 关键字分别用于将字符串转换为大写和小写；Get Substring 关键字用于获取子字符串；Remove String 关键字用于移除子字符

串；Replace String 关键字用于替换指定子字符串。它们的用法如图 4-36 所示。

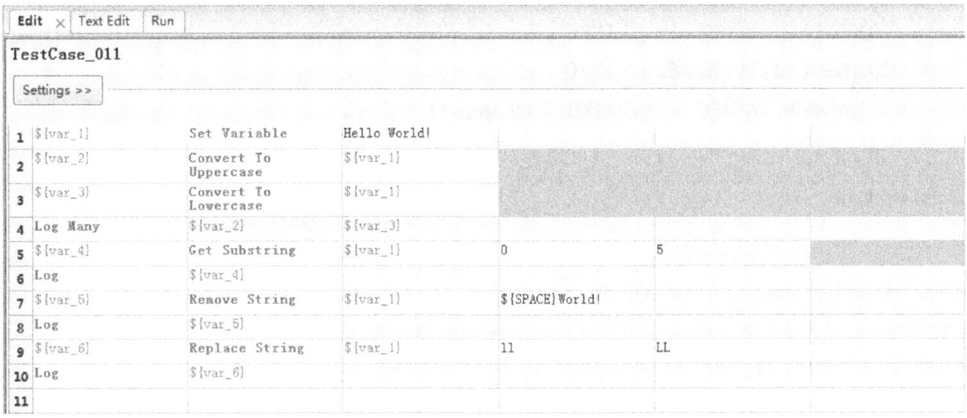

Edit | Text Edit | Run

TestCase_011

Settings >>

1	${var_1}	Set Variable	Hello World!			
2	${var_2}	Convert To Uppercase	${var_1}			
3	${var_3}	Convert To Lowercase	${var_1}			
4	Log Many	${var_2}	${var_3}			
5	${var_4}	Get Substring	${var_1}	0	5	
6	Log	${var_4}				
7	${var_5}	Remove String	${var_1}	${SPACE}World!		
8	Log	${var_5}				
9	${var_6}	Replace String	${var_1}	ll	LL	
10	Log	${var_6}				
11						

图 4-36　字符串关键字的用法（1）

以上测试用例中的 ${SPACE} 为 Robot Framework 的内置变量，用于表示空格。执行该测试用例输出结果如下所示。

```
Starting test: KDT. TestSuite 001. TestCase_011
20200317 21:16:00.859 :  INFO : ${var_1} = Hello World!
20200317 21:16:00.861 :  INFO : ${var_2} = HELLO WORLD!
20200317 21:16:00.862 :  INFO : ${var_3} = hello world!
20200317 21:16:00.863 :  INFO : HELLO WORLD!
20200317 21:16:00.863 :  INFO : hello world!
20200317 21:16:00.864 :  INFO : ${var_4} = Hello
20200317 21:16:00.865 :  INFO : Hello
20200317 21:16:00.866 :  INFO : ${var_5} = Hello
20200317 21:16:00.867 :  INFO : Hello
20200317 21:16:00.868 :  INFO : ${var_6} = HeLLo World!
20200317 21:16:00.868 :  INFO : HeLLo World!
Ending test:  KDT. TestSuite 001. TestCase_011
```

Format String 关键字用于格式化字符串，占位符为一对花括号（{}）；Strip String 关键字用于去掉首尾的指定字符串；Split String 关键字用于使用分隔符分隔字符串。它们的用法如图 4-37 所示。

执行该测试用例输出结果如下所示。

```
Starting test: KDT. TestSuite 001. TestCase_011
20200317 21:31:30.659 :  INFO : ${var_1} = Hello World!
20200317 21:31:30.660 :  INFO : Hello World!
20200317 21:31:30.661 :  INFO : ${var_2} = Python
20200317 21:31:30.663 :  INFO : Python
```

20200317 21:31:30.664 :　INFO : @{var_3} = [a | b | c]
20200317 21:31:30.665 :　INFO : a
20200317 21:31:30.665 :　INFO : b
20200317 21:31:30.665 :　INFO : c
Ending test:　KDT. TestSuite 001. TestCase_011

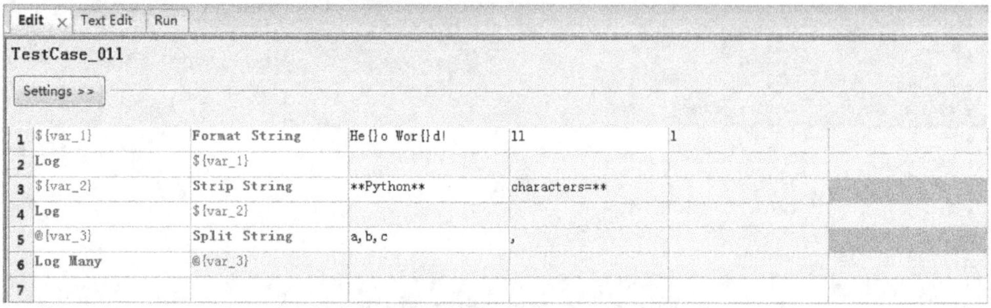

Edit × | Text Edit | Run

TestCase_011

Settings >>

1	${var_1}	Format String	He{}o Wor{}d!	11	1	
2	Log	${var_1}				
3	${var_2}	Strip String	**Python**	characters=**		
4	Log	${var_2}				
5	@{var_3}	Split String	a,b,c	,		
6	Log Many	@{var_3}				
7						

图 4-37　字符串关键字的用法（2）

字符串操作中有一些断言关键字，可结合 BuiltIn 中的断言关键字一起使用。

Should Be String：断言给定对象为字符串。

Should Not Be String：断言给定对象非字符串。

Should Be Uppercase：断言字符串为大写。

Should Be Lowercase：断言字符串为小写。

Should Be Titlecase：断言字符串为首字母大写。

Should Be Unicode String：断言字符串为 Unicode 字符串。

Should Be Byte String：断言字符串为 Byte 字符串。

4.2.12　Telnet 关键字库

Telnet 关键字库用于建立 Telnet 连接，并执行相关命令，本节对其中一些常用的关键字进行介绍。

Open Connection 关键字用于建立 Telnet 连接；Login 关键字用于登录；Execute Command 关键字用于执行命令；Close Connection 关键字用于断开 Telnet 连接。它们的用法如图 4-38 所示。

图 4-38 中的测试用例中由于使用了 root 用户登录，因此提示符为井号（#）。执行该测试用例输出结果如下所示。

Starting test: KDT. TestSuite 001. TestCase_012
20200317 23:21:20.196 :　INFO : Opening connection to 192. 168. 3. 102:23 with prompt: #
20200317 23:21:20.745 :　INFO :
Kernel 3. 10. 0-862. el7. x86_64 on an x86_64
localhost login: root

```
Password:
Last login: Tue Mar 17 23:20:26 from 192.168.3.12
[root@localhost ~]#
20200317 23:21:20.965 :  INFO : pwd
20200317 23:21:20.965 :  INFO :
/root
[root@localhost ~]#
Ending test:  KDT.TestSuite 001.TestCase_012
```

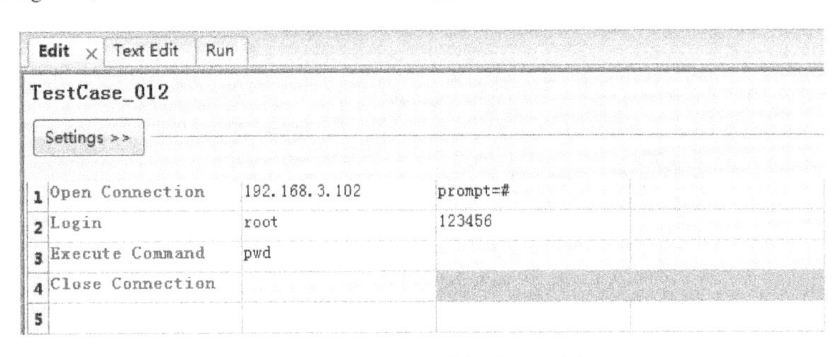

图 4-38　Telnet 关键字的用法

4.2.13　XML 关键字库

XML 关键字库提供 XML 文件的各种操作，本节对其中一些常用的关键字进行介绍。

在 E 盘根目录新增 testxml.xml 文件，文件内容如下。

```
<?xml version='1.0' encoding='UTF-8'?>
<bookstore>
    <book category="programming">
        <title>Java 程序设计</title>
        <author>张三</author>
        <price>99.00</price>
    </book>
    <book category="programming">
        <title>Python 程序设计</title>
        <author>李四</author>
        <price>89.00</price>
    </book>
    <book category="testing">
        <title>TestNG 自动化测试</title>
        <author>王五</author>
        <price>79.00</price>
```

```
    </book>
</bookstore>
```

Parse Xml 和 Save Xml 关键字分别用于读取和保存 XML 文件；Get Element、Get Element Attribute 和 Get Element Text 关键字分别用于获取元素、元素属性值和元素文本；Add Element 关键字用于增加元素。它们的用法如图 4-39 所示。

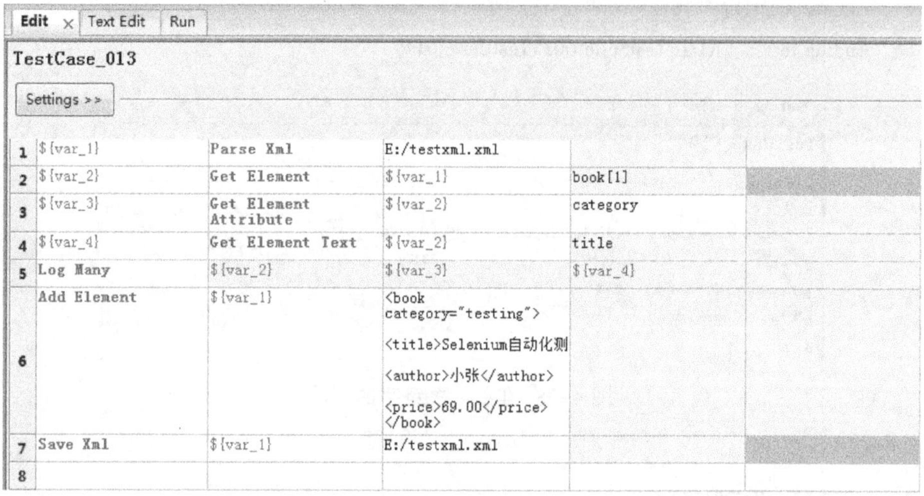

Edit × | Text Edit | Run

TestCase_013

Settings >>

1	${var_1}	Parse Xml	E:/testxml.xml		
2	${var_2}	Get Element	${var_1}	book[1]	
3	${var_3}	Get Element Attribute	${var_2}	category	
4	${var_4}	Get Element Text	${var_2}	title	
5	Log Many	${var_2}	${var_3}	${var_4}	
6	Add Element	${var_1}	<book category="testing"> <title>Selenium自动化测 <author>小张</author> <price>69.00</price> </book>		
7	Save Xml	${var_1}	E:/testxml.xml		
8					

图 4-39　读取 XML 文件内容和增加 XML 元素

执行以上测试用例输出结果如下所示。

```
Starting test: KDT. TestSuite 001. TestCase_013
20200318 12:50:14.395 :  INFO : ${var_1} = <Element 'bookstore' at 0x00000000042F5548>
20200318 12:50:14.395 :  INFO : ${var_2} = <Element 'book' at 0x00000000042F55E8>
20200318 12:50:14.396 :  INFO : ${var_3} = programming
20200318 12:50:14.399 :  INFO : ${var_4} = Java 程序设计
20200318 12:50:14.400 :  INFO : <Element 'book' at 0x00000000042F55E8>
20200318 12:50:14.400 :  INFO : programming
20200318 12:50:14.400 :  INFO : Java 程序设计
20200318 12:50:14.403 :  INFO : XML saved to <a href="file://E:\testxml.xml">E:\testxml.
xml</a>.
Ending test:   KDT. TestSuite 001. TestCase_013
```

执行后查看 testxml. xml 文件，该文件已经增加了一个名为"Selenium 自动化测试"的<book>元素。

Set Element Attribute、Set Element Text 和 Set Element Tag 关键字分别用于修改元素属性值、元素文本和元素标签。它们的用法如图 4-40 所示。

执行该测试用例成功后，查看 testxml. xml 文件，文件内容如下所示。

```
<?xml version='1.0' encoding='UTF-8'?>
```

```
<bookstore>
    <book category="programming_new">
        <title_new>Java 程序设计_新</title_new>
        <author>张三</author>
        <price>99.00</price>
    </book>
<!-- 省略其他内容 -->
</bookstore>
```

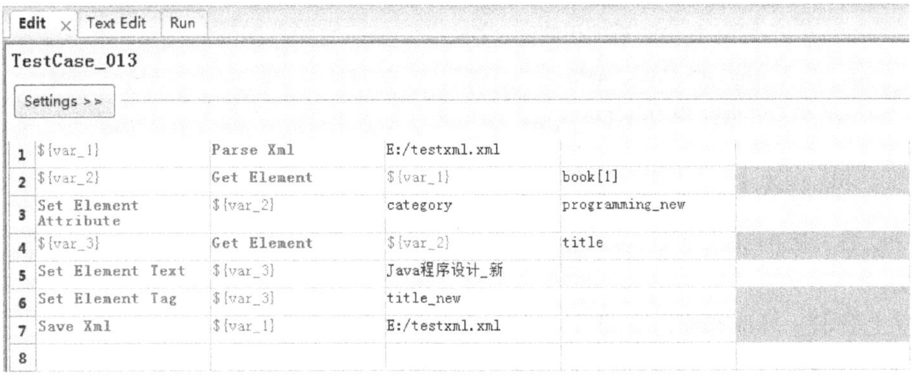

Edit　Text Edit　Run

TestCase_013

Settings >>

1	${var_1}	Parse Xml	E:/testxml.xml		
2	${var_2}	Get Element	${var_1}	book[1]	
3	Set Element Attribute	${var_2}	category	programming_new	
4	${var_3}	Get Element	${var_2}	title	
5	Set Element Text	${var_3}	Java程序设计_新		
6	Set Element Tag	${var_3}	title_new		
7	Save Xml	${var_1}	E:/testxml.xml		
8					

图 4-40　修改 XML 文件内容

上述文件中的第一个<book>元素对应的 category 属性值、<title>标签名及其文本均已被修改。

Remove Element 和 Remove Element Attribute 关键字分别用于删除元素和元素属性。它们的用法如图 4-41 所示。

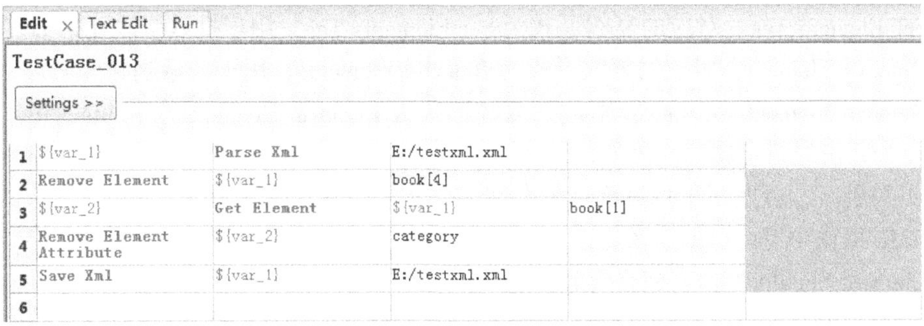

Edit　Text Edit　Run

TestCase_013

Settings >>

1	${var_1}	Parse Xml	E:/testxml.xml		
2	Remove Element	${var_1}	book[4]		
3	${var_2}	Get Element	${var_1}	book[1]	
4	Remove Element Attribute	${var_2}	category		
5	Save Xml	${var_1}	E:/testxml.xml		
6					

图 4-41　删除 XML 文件内容

执行以上测试用例后，查看 testxml.xml 文件，文件内容如下所示。

```
<?xml version='1.0' encoding='UTF-8'?>
<bookstore>
    <book>
        <title_new>Java 程序设计_新</title_new>
```

```
            <author>张三</author>
            <price>99.00</price>
        </book>
        <book category="programming">
            <title>Python 程序设计</title>
            <author>李四</author>
            <price>89.00</price>
        </book>
        <book category="testing">
            <title>TestNG 自动化测试</title>
            <author>王五</author>
            <price>79.00</price>
        </book>
    </bookstore>
```

可以看到之前加入的<book>已经被删除，且第一个<book>元素的 category 属性也被删除了。

以上获取、修改和删除关键字均有对应的复数形式。

Get Element：对应的复数形式为 Get Elements，用于获取多个元素。

Get Element Attribute：对应的复数形式为 Get Element Attributes，用于获取元素多个属性值。

Get Element Text：对应的复数形式为 Get Elements Texts，用于获取多个元素文本。

Set Element Attribute：对应的复数形式为 Set Elements Attribute，用于批量修改元素属性值。

Set Element Text：对应的复数形式为 Set Elements Text，用于批量修改元素文本。

Set Element Tag：对应的复数形式为 Set Elements Tag，用于批量修改元素标签。

Remove Element：对应的复数形式为 Remove Elements，用于批量删除元素。

Remove Element Attribute：对应的复数形式为 Remove Elements Attribute，用于批量删除多个元素的指定属性。另外，还有 Remove Element Attributes 和 Remove Elements Attributes 关键字，分别用于批量删除单个和多个元素的所有属性。

XML 操作中有一些断言关键字，可结合 BuiltIn 中的断言关键字一起使用。

Element Should Exist：断言元素存在。

Element Should Not Exist：断言元素不存在。

Element Attribute Should Be：断言 XML 的某属性值等于期望的属性值。

Element Attribute Should Match：断言 XML 的某属性值匹配期望的属性值。

Element Should Not Have Attribute：断言元素不存在某属性。

Element Text Should Be：断言元素的文本值等于期望的文本值。

Element Text Should Match：断言元素的文本值匹配期望的文本值。

Elements Should Be Equal：断言元素相等。

Elements Should Match：断言元素匹配。

4.2.14　外部关键字库

本节对 SeleniumLibrary、AppiumLibrary 和 RequestsLibrary 关键字库进行简单介绍，开始之前需要先安装对应的关键字库，可执行以下命令安装。

```
pip install robotframework-seleniumlibrary
pip install robotframework-appiumlibrary
pip install robotframework-requests
```

1. SeleniumLibrary

SeleniumLibrary 关键字库是对 Selenium Python 函数库的一个封装，用于 Web 测试。其常用关键字如表 4-1 所示。

表 4-1　SeleniumLibrary 关键字库的常用关键字

分　类	关　键　字	说　明
元素操作	Click Element	单击元素
	Click Button	单击按钮
	Clear Element Text	删除输入框文本
	Input Text	输入文本
	Input Password	输入密码
	Get Text	获取文本
	Get WebElement	获取单个元素
	Get WebElements	获取多个元素
	Get Element Attribute	获取元素属性值
	Get Element Size	获取元素尺寸
	Get Selected List Label	获取列表单个选中项的标签
	Get Selected List Labels	获取列表多个选中项的标签
	Get Selected List Value	获取列表单个选中项的值
	Get Selected List Values	获取列表多个选中项的值
	Select Radio Button	选择单选框
	Select Checkbox	选择复选框
	Unselect Checkbox	取消选择复选框
	Select All From List	选择全部列表项
	Unselect All From List	取消选择全部列表项
	Select From List By Index	根据索引选择列表项
	Unselect From List By Index	根据索引取消选择列表项

（续）

分　类	关 键 字	说　明
元素操作	Select From List By Label	根据标签选择列表项
	Unselect From List By Label	根据标签取消选择列表项
	Select From List By Value	根据值选择列表项
	Unselect From List By Value	根据值取消选择列表项
浏览器或窗口操作	Open Browser	打开浏览器
	Get Browser Aliases	获取所有浏览器别名
	Get Browser Ids	获取所有浏览器 ID
	Get Window Handles	获取所有窗口句柄
	Get Window Identifiers	获取所有窗口 ID
	Get Window Position	获取窗口位置
	Get Window Size	获取窗口尺寸
	Set Window Position	设置窗口位置
	Set Window Size	设置窗口尺寸
	Maximize Browser Window	最大化当前窗口
	Get Title	获取标题
	Go To	转到指定 URL
	Reload Page	刷新页面
	Go Back	返回
	Select Frame	选择子窗口
	Unselect Frame	取消选择子窗口
	Switch Window	切换窗口
	Switch Browser	切换浏览器
	Close Window	关闭当前标签页（只有一个标签页则关闭当前窗口）
	Close Browser	关闭当前浏览器
	Close All Browsers	关闭所有浏览器
鼠标和键盘事件模拟	Double Click Element	双击鼠标左键
	Open Context Menu	打开上下文菜单（模拟点击鼠标右键）
	Drag And Drop	将一个元素拖到另一个元素
	Mouse Down	按下鼠标左键
	Mouse Up	松开鼠标左键
	Mouse Over	将鼠标移进元素
	Mouse Out	将鼠标移出元素
JavaScript 对话框操作	Handle Alert	处理 JavaScript 对话框
	Input Text Into Alert	向 JavaScript 对话框输入文本

2. AppiumLibrary

AppiumLibrary 关键字库是对 Appium Python 函数库的一个封装，用于 Android 和 iOS 测试。其常用关键字如表 4-2 所示。

表 4-2　AppiumLibrary 关键字库的常用关键字

分　类	关　键　字	说　明
元素操作	Click Element	单击元素
	Click Button	单击按钮
	Clear Text	删除输入框文本
	Input Text	输入文本
	Input Password	输入密码
	Get Text	获取元素文本
	Get Webelement	获取单个元素
	Get Webelements	获取多个元素
	Get Element Attribute	获取元素属性值
	Get Element Size	获取元素尺寸
	Get Element Location	获取元素位置
手势模拟	Tap	点按元素
	Swipe	从一个点滑动到另一个点
	Swipe By Percent	从一个点滑动到另一个点，使用百分比
	Scroll	从一个元素滚动到另一个元素
	Scroll Down	向下滚动到某元素
	Scroll Up	向上滚动到某元素
	Long Press	长按元素
	Zoom	放大
	Pinch	缩小
应用程序操作	Open Application	建立会话并启动应用程序，推荐用于 Test Suite 的初始化操作
	Launch Application	启动应用程序，推荐用于 Test Case 的初始化操作
	Switch Application	切换应用程序
	Background App	将当前应用程序置于后台
	Quit Application	关闭当前应用程序，推荐用于 Test Case 的清理操作
	Close Application	断开会话并关闭当前应用程序，推荐用于 Test Suite 的清理操作
	Close All Applications	断开会话并关闭 Appium 打开的所有应用程序
	Reset Application	重置应用程序

（续）

分　类	关 键 字	说　明
应用程序操作	Remove Application	卸载应用程序
	Install App	安装应用程序（Android 专用）
	Start Activity	启动 Activity（Android 专用）
手机系统操作	Get Window Width	获取手机屏幕宽度
	Get Window Height	获取手机屏幕高度
	Hide Keyboard	隐藏手机软键盘
	Landscape	设置手机为横屏
	Portrait	设置手机为竖屏
	Shake	使手机震动
	Lock	锁屏（iOS 专用）

表 4-2 中“Android 专用”的关键字仅适用于 Android，“iOS 专用”的关键字仅适用于 iOS，其他关键字同时适用于 Android 和 iOS。

3. RequestsLibrary

RequestsLibrary 关键字库是对 Requests 函数库的一个封装，用于 HTTP 接口测试。

RequestsLibrary 关键字库中有多种方式可以建立一个会话，但最常用的是直接使用 Create Session 关键字建立会话。为了便于使用 JSON 数据，该库还提供了 To Json 关键字用于将字符串转换为 JSON 对象。最后可使用 Delete All Sessions 关键字断开所有会话。

RequestsLibrary 关键字库支持各种 HTTP 请求形式。

Get Request：发送 Get 请求。

Post Request：发送 Post 请求。

Put Request：发送 Put 请求。

Delete Request：发送 Delete 请求。

Head Request：发送 Head 请求。

Options Request：发送 Options 请求。

Patch Request：发送 Patch 请求。

外部关键字库中通常会包含其特定的断言关键字，它们均可结合 Robot Framework 标准断言关键字一起使用，在此不再赘述。

4.2.15 自定义关键字库

可使用模块（Python）或类（Python 或 Java）来实现关键字库，鉴于 Robot Framework 由 Python 开发，笔者就以 Python 为例介绍关键字库的实现。

1. 实现逻辑

首先实现关键字库的逻辑，即按照平时编程的习惯来编写代码即可。新增一个名为 calculator 的模块，在模块中新增加、减、乘和除 4 个函数。

```
def add(a, b):
    return a + b


def sub(a, b):
    return a - b


def multi(a, b):
    return a * b


def divide(a, b):
    if b == 0:
        raise ZeroDivisionError('除数为零！')
    return a / b
```

注意： Python 中的函数（或方法）注释可显示在 Robot Framework 中，出于简化目的，以上代码未提供注释。

2. 规范关键字库的命名

关键字库名与模块名（或类名）一致。参考之前的外部关键字库命名方式，有必要使用更为直观的命名方式来重命名 calculator 模块，这里将 calculator 模块重命名为 CalculatorLibrary。

3. 设置新建关键字库实例的策略

新建关键字库实例的策略是指 Robot Framework 在何种情况下新建一个关键字库的实例，有以下几种策略。

1）TEST CASE：每个测试用例新建一个关键字库的实例。默认采用该方式。

2）TEST SUITE：每个测试套件新建一个关键字库的实例。

3）GLOBAL：在整个测试执行生命周期只创建一个关键字库的实例。对于 Python 而言，关键字库可以使用模块或类来实现。如果使用模块来实现，那么该关键字库总是使用 GLOBAL 作为新建关键字库实例的策略。

如果要更改新建关键字库实例的策略，那么需要使用类属性 ROBOT_LIBRARY_SCOPE，并将以上策略之一以字符串形式为其赋值。

作为示例，笔者将 CalculatorLibrary 的范围设置为 TEST SUITE，因此需要先新建一个 CalculatorLibrary 类，然后将加、减、乘和除 4 个函数移到该类中，并增加 ROBOT_LIBRARY_SCOPE 属性。

注意：为了方便直接导入关键字库，需要将类名与模块名保持一致。因为如果类名与模块名不一致，导入关键字库时需使用“模块名．类名”的形式才能导入。

CalculatorLibrary 模块重构后的代码如下所示。

```
class CalculatorLibrary:
    ROBOT_LIBRARY_SCOPE = 'TEST SUITE'

    def add(self, a, b):
        return a + b

    def sub(self, a, b):
        return a - b

    def multi(self, a, b):
        return a * b

    def divide(self, a, b):
        if b == 0:
            raise ZeroDivisionError('除数为零！')
        return a / b
```

4. 指定关键字库的版本

关键字库的版本可供 Robot Framework 用于调试信息，且 Libdoc 工具还会将版本号写入它生成的关键字文档中。因此给关键字库指定版本号是有一定意义的。

可使用 ROBOT_LIBRARY_VERSION 或__version__属性来指定关键字库的版本。Robot Framework 会先查找 ROBOT_LIBRARY_VERSION，如果没找到则会查找__version__。它们都可以用于模块或类中。

笔者使用 ROBOT_LIBRARY_VERSION 属性将 CalculatorLibrary 的版本号设置为 1.0。

5. 将方法暴露为关键字

方法与关键字具有对应关系，即方法名对应关键字名（但可使用 robot_name 属性或@keyword 装饰器自定义关键字名），方法的参数对应关键字的参数。如果该方法为构造方法，则其参数将对应导入关键字库时，在 Agrs 输入框中填写的内容。如果不想将方法暴露为关键字，有两种方法。

1）将方法定义为私有的（以下划线开头），但从 Robot Framework 3.0.2 开始，具有 robot_name 属性的私有方法也会被暴露为关键字。

2）使用__all__属性，只有在__all__列表中出现的方法才会被 Robot Framework 识别为关键字。

另外，Robot Framework 对关键字名称的大小写不敏感，比如 CalculatorLibrary 关键字库中的 add( ) 方法，在 Robot Framework 中使用时，可使用“Add”或“add”来引用。

6. 使用自定义关键字库

Python 与 Java 类似，它也有自己的应用程序共享平台，比如 PyPI。当然也可以使用私有仓库来共享 Python 应用程序。关于 Python 应用程序的打包和共享超出了本书的讨论范围，有兴趣的读者可自行查阅相关资料进行了解。

为了演示 CalculatorLibrary 关键字库的使用，笔者采用了一种最简单的方式，即将 CalculatorLibrary. py 文件复制到 Python 的其中一个搜索路径即可，推荐复制到 C:\Program Files\Python37\Lib\site-packages 目录。其中 C:\Program Files 为笔者 Python 的安装目录，读者应根据实际情况进行替换。

复制完成后导入 CalculatorLibrary 关键字库，即可使用其中的关键字，如图 4-42 所示。

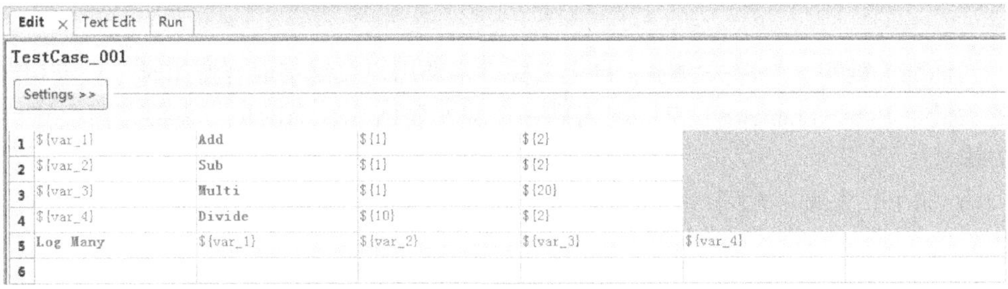

Edit | Text Edit | Run

TestCase_001

Settings >>

1	${var_1}	Add	${1}	${2}		
2	${var_2}	Sub	${1}	${2}		
3	${var_3}	Multi	${1}	${20}		
4	${var_4}	Divide	${10}	${2}		
5	Log Many	${var_1}	${var_2}	${var_3}	${var_4}	
6						

图 4-42　使用 CalculatorLibrary 关键字库的关键字

4.2.16　用户关键字

用户关键字是由关键字库中的关键字和（或）其他用户关键字组合而成的，编写它的语法与编写测试用例类似。

图 4-43 中定义了一个用户关键字，该关键字提供了与 4.2.8 节的 RemoteLibrary 关键字库中 Sum 关键字相同的功能。

用户关键字中的 Documentation、Teardown、Timeout 和 Tags 与测试用例中的类似，Arguments 用于指定用户关键字的形参，Return Value 用于指定用户关键字的返回值。

Edit | Text Edit | Run

Sum

Settings <<

Documentation

Arguments @{nums}

Teardown

Return Value ${result}

Timeout

Tags <Add New>

1	${result}	Set Variable	${0}	
2	FOR	${num}	IN	@{nums}
3		${result}	Evaluate	${result}+${num}
4	END			
5				

图 4-43　定义用户关键字

4.2.17　关键字的优先级

当标准关键字、外部关键字、自定义关键字和用户关键字混合使用时，对于相同名称的关键字 Robot Framework 应该调用哪一个呢？要回答这个问题，需要了解关键字的优先级。

1）第 1 优先级：在同一个文件中定义和调用用户关键字时，该用户关键字具有最高优先级。

2）第 2 优先级：Resource 文件中定义的用户关键字具有第 2 优先级。

3）第 3 优先级：外部关键字库中定义的外部关键字具有第 3 优先级。

4）第 4 优先级：标准关键字库中定义的标准关键字具有最低优先级。

如果重名的关键字处于以上不同的优先级，那么 Robot Framework 会自动处理，但如果出现在同一优先级，那就会出现关键字冲突。

有两种方法可以解决关键字冲突：

1）用“关键字库名 . 关键字名”或“Resource 文件名 . 关键字名”来引用该关键字，比如：

```
SeleniumLibrary. Click Element
AppiumLibrary. Click Element
MyResource1. My Keyword
MyResource2. My Keyword
```

注意：有一个在 SeleniumLibrary 和 AppiumLibrary 关键字库中都存在的关键字 Capture Page Screenshot，它不仅同时存在于两个关键字库，还刚好被这两个关键字库的构造方法用作参数的默认值。解决方法是在导入关键字库时覆盖其默认值即可，即在 Args 中填写如下内容。

```
run_on_failure=SeleniumLibrary. Capture Page Screenshot
run_on_failure=AppiumLibrary. Capture Page Screenshot
```

2）使用 Set Library Search Order 关键字指定关键字库或 Resource 文件的搜索顺序。

4.3 实现关键字驱动测试框架

如果想使用现成的关键字驱动测试框架，那么使用 Robot Framework 即可。如果想自己搭建关键字驱动测试框架，那么本节将会提供一定的帮助。本节的思路是先实现关键字，再考虑如何解析和执行关键字，最后对其提出了优化建议。

4.3.1 实现关键字

1. 测试步骤建模

仍然以登录测试用例为例，可将测试步骤归纳为：

第 1 步：打开 Chrome 浏览器

第 2 步：进入登录页面

第 3 步：输入用户名

第 4 步：输入密码

第 5 步：点击登录

第 6 步：等待

第 7 步：校验登录结果

第 8 步：关闭 Chrome 浏览器

将以上测试步骤建模为对象、动作和数据 3 个部分，可得到如表 4-3 所示的关键字。

表 4-3 从登录测试用例中提取的关键字

关键字名	参数 1	参数 2
Open Chrome Browser	—	—
Go To	URL	—

（续）

关键字名	参数 1	参数 2
Input	Locator	Value
Click	Locator	—
Sleep	Seconds	—
Check Result	Expected	—
Close Chrome Browser	—	—

输入用户名和输入密码被建模为了同一个关键字 Input。

2. 实现关键字

新建一个 Keywords 类用于实现以上关键字，Keywords 类代码如下所示。

```
package com.lujiatao.c04;

import org.openqa.selenium.chrome.ChromeDriver;

import java.util.concurrent.TimeUnit;

import static org.testng.Assert.assertEquals;

public class Keywords {

    private static ChromeDriver driver;

    public static void openChromeBrowser() {
        driver = new ChromeDriver();
    }

    public static void goTo(String url) {
        driver.get(url);
    }

    public static void input(String locator, String value) {
        driver.findElementByCssSelector(locator).sendKeys(value);
    }

    public static void click(String locator) {
        driver.findElementByClassName(locator).click();
    }
```

```java
    public static void sleep(String seconds) throws InterruptedException {
        TimeUnit.SECONDS.sleep(Long.parseLong(seconds));
    }

    public static void checkResult(String expected) {
        assertEquals(driver.findElementByCssSelector("#nav > div:nth-child(2) > span")
.getText(), expected);
    }

    public static void closeChromeBrowser() {
        driver.quit();
    }

}
```

为了便于关键字的执行，上述方法中的参数都使用了 String 类型，后文会解释这样做的具体原因。

4.3.2　解析关键字

出于简便考虑，不可能自己实现一个类似 Robot Framework 中的表格，在此使用 Excel 表格代替即可。

首先在/src/test 目录下新建一个 resources 目录，在 resources 目录中新建 testcase.xlsx 文件，文件内容如图 4-44 所示。

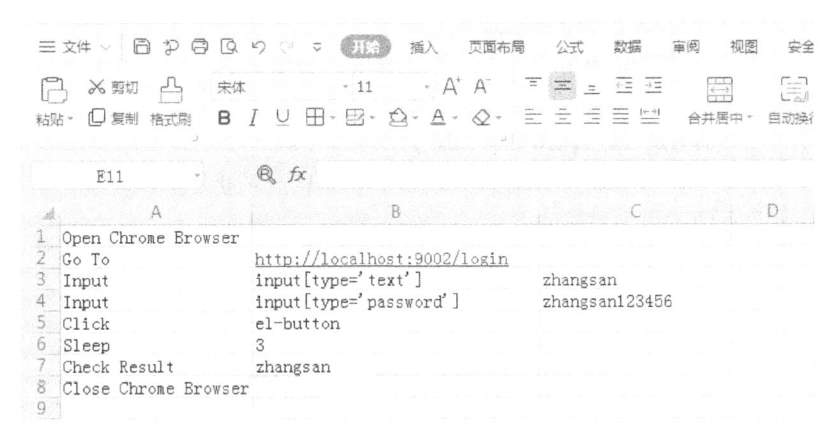

	A	B	C	D
1	Open Chrome Browser			
2	Go To	http://localhost:9002/login		
3	Input	input[type='text']	zhangsan	
4	Input	input[type='password']	zhangsan123456	
5	Click	el-button		
6	Sleep	3		
7	Check Result	zhangsan		
8	Close Chrome Browser			
9				

图 4-44　使用 Excel 编写的测试用例

在 3.3.2 节中有现成的读取 Excel 的代码，这里可直接复用。具体操作是创建一个 FrameworkUtil 类，将 DataSourceUtil 类中读取 Excel 的代码复制过来即可。

```
package com.lujiatao.c04;

import org.apache.poi.hssf.usermodel.HSSFSheet;
import org.apache.poi.hssf.usermodel.HSSFWorkbook;
import org.apache.poi.poifs.filesystem.POIFSFileSystem;
import org.apache.poi.ss.usermodel.Cell;
import org.apache.poi.ss.usermodel.CellType;
import org.apache.poi.ss.usermodel.Row;
import org.apache.poi.ss.usermodel.Sheet;
import org.apache.poi.xssf.usermodel.XSSFSheet;
import org.apache.poi.xssf.usermodel.XSSFWorkbook;

import java.io.IOException;
import java.io.InputStream;
import java.util.Objects;

public class FrameworkUtil {

    public static Object[][] readExcel(String file, String sheetName) {
        Object[][] result;
        if (file.endsWith(".xlsx")) {
            try (XSSFWorkbook workbook = new XSSFWorkbook(getStreamFromFile
(file));) {
                XSSFSheet sheet = workbook.getSheet(sheetName);
                result = readExcel(sheet);
            } catch (IOException e) {
                throw new RuntimeException(e.getMessage());
            }
        } else if (file.endsWith(".xls")) {
            try (HSSFWorkbook workbook = new HSSFWorkbook(new POIFSFileSystem(get-
StreamFromFile(file)));) {
                HSSFSheet sheet = workbook.getSheet(sheetName);
                result = readExcel(sheet);
            } catch (IOException e) {
                throw new RuntimeException(e.getMessage());
            }
        } else {
            throw new IllegalArgumentException("文件类型错误!");
        }
        return result;
```

```
    }

    private static InputStream getStreamFromFile(String file) {
            return    Objects.requireNonNull    (FrameworkUtil.class.getClassLoader    (    )
.getResourceAsStream(file));
    }

    private static Object[][] readExcel(Sheet sheet) {
        Object[][] result = new Object[sheet.getLastRowNum() + 1][];
        for (int i = 0; i < sheet.getLastRowNum() + 1; i++) {
            Row row = sheet.getRow(i);
            Object[] tmp = new Object[row.getLastCellNum()];
            for (int j = 0; j < row.getLastCellNum(); j++) {
                Cell cell = row.getCell(j);
                cell.setCellType(CellType.STRING);
                tmp[j] = cell.getStringCellValue();
            }
            result[i] = tmp;
        }
        return result;
    }

}
```

仔细的读者能够应该看出，Excel 中的关键字名与 Keywords 类中的方法名存在两点差异：

1）关键字名单词之间有空格，方法名单词之间没有空格。

2）关键字名单词均采用首字母大写，方法名第一个单词首字母是小写。

为了解决以上两个差异，在 FrameworkUtil 类中新增以下方法将关键字名转换为方法名。

```
public static String keywordToMethod(String keyword) {
    String tmp = keyword.replaceAll(" ", "");
    return tmp.substring(0, 1).toLowerCase() + tmp.substring(1);
}
```

4.3.3　执行关键字

以上的准备工作都是为了可以顺利执行关键字以达到执行测试用例的目的。

新建一个 ExecutionEngine 类用于执行关键字，其核心思想是使用了 Java 的反射机制。

首先从测试用例文件 testcase. xlsx 中读取测试用例，并提取其中的关键字及其参数。

```
Object[][] testcase = readExcel("testcase.xlsx", "Sheet1");
List<String> srcMethodNames = new ArrayList<>();
List<Object[]> srcMethodParams = new ArrayList<>();
for (Object[] objects : testcase) {
    srcMethodNames.add(keywordToMethod(String.valueOf(objects[0])));
    Object[] srcMethodParam = new String[objects.length - 1];
    System.arraycopy(objects, 1, srcMethodParam, 0, objects.length - 1);
    srcMethodParams.add(srcMethodParam);
}
```

然后从 Keywords 类中提取方法名及其参数数量，由于 Keywords 类中方法的参数都为 String 类型，因此只要参数名和参数数量匹配，则表示方法签名匹配了。相关代码如下所示。

```
Method[] methods = Keywords.class.getDeclaredMethods();
List<String> methodNames = new ArrayList<>();
List<Integer> methodParamNums = new ArrayList<>();
for (Method method : methods) {
    methodNames.add(method.getName());
    methodParamNums.add(method.getParameters().length);
}
```

最后将测试用例中的关键字及其参数数量与 Keywords 类中的方法及其参数数量比较，如果一致则调用该方法。

```
for(int i = 0; i < srcMethodNames.size(); i++) {
    if (methodNames.contains(srcMethodNames.get(i))) {
        if (srcMethodParams.get(i).length == methodParamNums.get(methodNames.indexOf
(srcMethodNames.get(i)))) {
            Class<?>[] methodParams = new Class<?>[srcMethodParams.get(i).length];
            Arrays.fill(methodParams, String.class);
            Method method = Keywords.class.getDeclaredMethod(srcMethodNames.get(i),
methodParams);
            method.invoke(Keywords.class, srcMethodParams.get(i));
        } else {
            throw new IllegalArgumentException("关键字的参数不匹配!");
        }
    } else {
        throw new IllegalArgumentException("关键字不存在!");
```

```
        }
    }
```

执行 ExecutionEngine 类中的 main( )方法，登录 IMS 成功。

4.3.4　优化建议

以上只是实现了一个关键字驱动测试框架的基本功能，如果需要投入实际项目使用，建议对该框架至少进行以下优化。

1. 支持多 Excel 文件和多 Sheet

在 ExecutionEngine 类中将读取 Excel 文件的操作进行了硬编码。在实际项目的使用中，推荐将一个 Excel 文件作为一个测试套件，而一个 Sheet 作为一个测试用例。因此 ExecutionEngine 类必须支持多 Excel 文件和多 Sheet 的处理。

2. 测试用例分层

随着测试用例规模和测试框架本身代码复杂度的增加，对测试用例进行分层变得至关重要，关于测试用例分层详见第 2 章。

3. 数据解耦

将数据外部化是数据解耦的核心思想，这样可实现数据与逻辑分开维护，有效降低维护成本。在关键字驱动测试框架中，推荐将以下数据外部化。

1）测试数据：测试用例需要输入的数据，如用户名、密码等。

2）测试配置：各种配置信息，如登录 URL、服务器 IP 和端口等。

3）对象仓库：定位元素时使用的信息，这些信息可与元素对象对应，如input[type='text']、input[type='password']等。

关于数据外部化的方式详见 3.3 节。

4. 增加测试策略

对于像 TestNG 这类自动化测试框架，它有一套自己的测试策略，而本节实现的关键字驱动测试框架需要自己实现测试策略，比较典型的测试策略如下。

1）选择性执行：哪些测试用例需要执行？哪些测试用例不需要执行？只执行 P0 级别的测试用例？还是执行 P0 和 P1 级别的测试用例？

2）串行和并行执行：所有测试用例使用单线程执行还是多线程执行？如果是多线程执行，那么并行级别是测试套件级还是测试用例级？

3）失败重试：测试用例执行失败是否允许重试？如果允许重试，那么重试次数是多少次呢？

5. 增加测试用例的属性

为了配合测试策略，测试用例需要增加必要的属性，比如测试用例级别（P0、P1等）。另外，还可以增加测试用例 ID、描述等属性以使得测试用例的信息更加丰富。

6. 增加测试报告

测试报告对于自动化测试来说是不可或缺的一部分，测试报告的实现一般分为两个步骤。

1）收集测试结果：在测试执行过程中收集测试结果。包括但不限于：测试用例名称、测试用例级别、执行开始时间、执行结束时间和执行结果等。

2）生成测试报告：使用测试结果生成测试报告。

进行了以上优化后，该框架就具备了较大的实用价值，但“优化”永远是无止境的，读者应根据实际项目的情况增加额外优化项。

第 5 章　Page Object 设计模式

5.1　Page Object 设计模式简介

Page Object（页面对象）设计模式是界面自动化测试中的优秀实践，它是将页面的操作和元素进行建模，并与具体的测试用例分离。在使用 Page Object 设计模式实施自动化测试的过程中需要遵循一定的规范，这些规范的要点如下。

1）第 1 条：公共方法代表页面对象提供的服务。

2）第 2 条：遵循面向对象编程的“封装”原则，即尽量不要暴露页面对象的内部信息。

3）第 3 条：一般不做断言。

4）第 4 条：方法的返回值为其他页面对象。

5）第 5 条：页面对象并非必须代表整个页面。

6）第 6 条：相同的操作产生不同的结果应被建模为不同的方法。

随着 Page Object 设计模式在实际项目中的深入使用，这些规范也存在一些合理的反例，以上第 3、4 和 6 条都有反例，后文均会提及。

Page Object 设计模式和关键字驱动测试都是对测试用例的建模，从编程角度来讲，可认为前者是面向对象的，而后者是面向过程的。

5.2　两层建模

5.2.1　页面对象层

首先新建一个所有页面对象的抽象页面基类 AbstractPage。

```
package com.lujiatao.c05.pageobject;

import org.openqa.selenium.WebDriver;

public abstract class AbstractPage {
```

```
    public WebDriver driver;

    public AbstractPage(WebDriver driver) {
        this.driver = driver;
    }

}
```

AbstractPage 类中仅有一个构造方法和一个 WebDriver 类型的属性。

然后新增 LoginPage 类，该类封装了登录页面的相关元素和操作，代码如下所示。

```
package com.lujiatao.c05.pageobject;

import org.openqa.selenium.By;
import org.openqa.selenium.WebDriver;
import org.openqa.selenium.WebElement;

import java.util.concurrent.TimeUnit;

public class LoginPage extends AbstractPage {

    private WebElement username = driver.findElement(By.cssSelector("input[type='text'
]"));
    private WebElement password = driver.findElement(By.cssSelector("input[type='pass-
word']"));
    private WebElement loginButton = driver.findElement(By.className("button"));

    public LoginPage(WebDriver driver) {
        super(driver);
    }

    public static LoginPage goToLoginPage(WebDriver driver) {
        if (driver == null) {
            throw new IllegalArgumentException("浏览器驱动为空!");
        }
        driver.get("http://localhost:9002/login");
        return new LoginPage(driver);
    }

    public LoginPage inputUsername(String username) {
        this.username.sendKeys(username);
```

```
        return this;
    }

    public LoginPage inputPassword(String password) {
        this.password.sendKeys(password);
        return this;
    }

    public GoodsPage clickLoginButtonAsValid() throws InterruptedException {
        loginButton.click();
        TimeUnit.SECONDS.sleep(3);
        return new GoodsPage(driver);
    }

    public LoginPage clickLoginButtonAsInvalid() throws InterruptedException {
        loginButton.click();
        TimeUnit.SECONDS.sleep(3);
        return new LoginPage(driver);
    }

    public GoodsPage loginAsValid(String username, String password) throws InterruptedException {
        inputUsername(username);
        inputPassword(password);
        return clickLoginButtonAsValid();
    }

    public LoginPage loginAsInvalid(String username, String password) throws InterruptedException {
        inputUsername(username);
        inputPassword(password);
        return clickLoginButtonAsInvalid();
    }

}
```

新增 AbstractIndexPage 类，该类封装了物品管理、物品类别管理和用户管理 3 个页面的公共元素和操作，代码如下所示。

```
package com.lujiatao.c05.pageobject;

import org.openqa.selenium.By;
```

```
import org.openqa.selenium.WebDriver;
import org.openqa.selenium.WebElement;

import java.util.concurrent.TimeUnit;

public abstract class AbstractIndexPage extends AbstractPage {

    private WebElement username = driver.findElement(By.cssSelector("#nav > div:nth-child(2) > span"));
    private WebElement settings = driver.findElement(By.className("el-dropdown-link"));
    private WebElement logout = driver.findElement(By.className("el-dropdown-menu__item"));

    public AbstractIndexPage(WebDriver driver) {
        super(driver);
    }

    public String getPageLoadedSign() {
        return username.getText();
    }

    public AbstractPage clickSettings() throws InterruptedException {
        settings.click();
        TimeUnit.SECONDS.sleep(3);
        return this;
    }

    public LoginPage clickLogout() throws InterruptedException {
        logout.click();
        TimeUnit.SECONDS.sleep(3);
        return new LoginPage(driver);
    }

    public LoginPage logout() throws InterruptedException {
        clickSettings();
        return clickLogout();
    }

    //省略其他操作
```

```
}
```

上述代码中 getPageLoadedSign( ) 方法的返回值并非一个页面对象，而是一个字符串，该字符串用于判断该页面是否已加载，此为 5.1 节规范中第 4 条的反例。

新增 GoodsPage 类，该类继承至 AbstractIndexPage 类，它封装了物品管理页面的元素和操作，代码如下所示。

```
package com.lujiatao.c05.pageobject;

import org.openqa.selenium.WebDriver;

public class GoodsPage extends AbstractIndexPage {

    public GoodsPage(WebDriver driver) {
        super(driver);
    }

    public static GoodsPage goToGoodsPage(WebDriver driver) {
        if (driver == null) {
            throw new IllegalArgumentException("浏览器驱动为空!");
        }
        driver.get("http://localhost:9002/goods");
        return new GoodsPage(driver);
    }

    //省略其他操作

}
```

5.2.2　测试用例层

页面对象层的存在意义在于屏蔽操作页面元素的底层细节，因此测试用例层必须与页面对象层交互，而不能直接去操作页面元素。

新增测试类 LoginTest，该类中的测试方法直接调用页面对象层封装的方法进行登录操作，代码如下所示。

```
package com.lujiatao.c05.testcase;

import com.lujiatao.c05.pageobject.GoodsPage;
import com.lujiatao.c05.pageobject.LoginPage;
import org.openqa.selenium.chrome.ChromeDriver;
```

```
import org.testng.annotations.AfterClass;
import org.testng.annotations.BeforeClass;
import org.testng.annotations.Test;

import static org.testng.Assert.assertEquals;

public class LoginTest {

    private ChromeDriver driver;

    @BeforeClass
    public void setUpAll() {
        driver = new ChromeDriver();
    }

    @Test(description = "登录成功")
    public void testCase_001() throws InterruptedException {
        LoginPage loginPage = LoginPage.goToLoginPage(driver);
        GoodsPage goodsPage = loginPage.loginAsValid("zhangsan", "zhangsan123456");
        assertEquals(goodsPage.getPageLoadedSign(), "zhangsan");
    }

    @AfterClass
    public void tearDown() {
        driver.quit();
    }

}
```

整个测试用例没有去操作页面元素，这样做的好处是当页面结构发生改变时，直接维护页面对象即可，测试用例不需要修改。

5.3 三层建模

两层建模看起来已经很好了，但为什么还需要三层建模呢？当业务场景比较复杂时，往往需要操作几个甚至几十个页面，这样的测试用例代码在可读性上仍然很差。此时可引入另一层——业务逻辑层，其作用是在页面对象层和测试用例层之间做缓冲，将可以复用的公共操作步骤单独封装成一个业务逻辑，供更大的业务场景测试来调用。

将三层建模的每一层归纳如下。

1）Page Object：页面对象层，用于存放页面对象。

2）Business Logic：业务逻辑层，负责处理具体的业务逻辑。业务逻辑层需要调用页面对象层。

3）Test Case：测试用例层，负责处理具体的测试用例。测试用例层需要调用页面对象层和业务逻辑层。

本节以一个组合场景“登录注销”为例讲解 Page Object 设计模式的三层建模。当然，在实际项目中的组合场景往往非常复杂，读者需要学会举一反三，灵活应用。

5.3.1 页面对象层

注销时 IMS 会重定向到登录页面，因此需要增加登录页面的校验方法，即在 LoginPage 类中新增对应属性和方法。

```
//省略 package 和 import 语句

public class LoginPage extends AbstractPage {

    private WebElement appName = driver.findElement(By.tagName("h1"));

    //省略其他代码

    public String getPageLoadedSign() {
        return appName.getText();
    }

    //省略其他代码

}
```

5.3.2 业务逻辑层

新增 LoginAndLogout 类，该类将登录和注销捆绑在了一起，其代码如下所示。

```
package com.lujiatao.c05.businesslogic;

import com.lujiatao.c05.pageobject.GoodsPage;
import com.lujiatao.c05.pageobject.LoginPage;
import org.openqa.selenium.WebDriver;
```

```
import static org.testng.Assert.assertEquals;

public class LoginAndLogout {

    private WebDriver driver;

    public LoginAndLogout(WebDriver driver) {
        this.driver = driver;
    }

    public LoginPage loginAndLogout(String username, String password) throws InterruptedEx-
ception {
        LoginPage loginPage = LoginPage.goToLoginPage(driver);
        GoodsPage goodsPage = loginPage.loginAsValid(username, password);
        assertEquals(goodsPage.getPageLoadedSign(), username);
        return goodsPage.logout();
    }

}
```

5.3.3 测试用例层

重写 LoginTest 测试类中的测试方法，代码如下所示。

```
@Test(description = "登录注销成功")
public void testCase_001() throws InterruptedException {
    LoginAndLogout loginAndLogout = new LoginAndLogout(driver);
    LoginPage loginPage = loginAndLogout.loginAndLogout("zhangsan","zhangsan123456");
    assertEquals(loginPage.getPageLoadedSign(), "库存管理系统");
}
```

重构后的工程结构如图 5-1 所示。

5.4 Selenium 支持

5.4.1 使用 PageFactory 类

为了更好地支持 Page Object 设计模式的应用，Selenium 官方提供了 PageFactory 类，

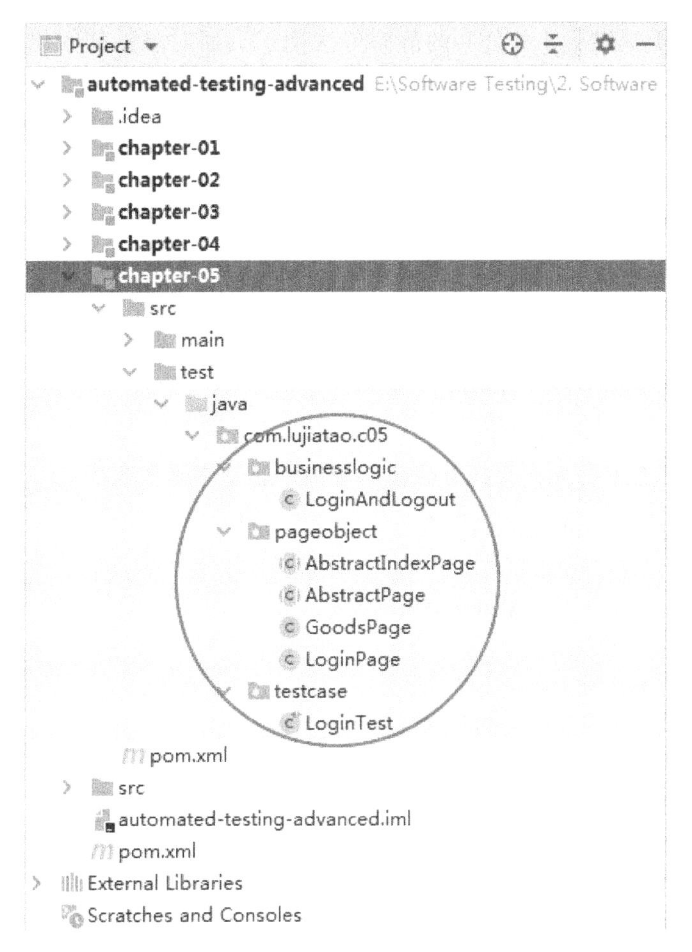

图 5-1　重构后的工程结构

该类的作用是对页面对象的初始化提供更为便捷的方式。

PageFactory 类在初始化页面时，默认根据 id 或 name 来查找元素，但大多数情况下想定位的元素都没有 id 或 name（或 name 值不唯一）。因此，Selenium 还提供了几个注解用于配合 PageFactory 类的使用。

1）@FindBy：使用 Selenium 的 8 种元素定位方式来定位元素。比如定位标签名为 h1 的元素，有@FindBy(tagName = "h1")或@FindBy(how = How.TAG_NAME, using = "h1")两种写法，由于前者更为简洁，笔者推荐使用前者。

2）@FindBys：只有一个 value 属性，其值为 FindBy 数组，该注解定位的元素需同时满足数组中的多个条件，即取交集。

3）@FindAll：只有一个 value 属性，其值为 FindBy 数组，该注解定位的元素需满足数组中的多个条件之一，即取并集。

4）@CacheLookup：用于缓存查找。如果元素不变，则可以在第一次查找时就缓存起来，以提高后续使用该元素的效率。

PageFactory 类提供了 4 种公共的静态方法用于页面对象的初始化，除非自己实现 ElementLocatorFactory 或 FieldDecorator 接口，否则一般只会用到其中的两个方法，即 initElements(WebDriver driver, Object page) 和 initElements(WebDriver driver, Class<T> pageClassToProxy)。

首先演示 initElements(WebDriver driver, Object page)方法的使用。

修改 AbstractPage 类的构造方法，代码如下所示。

```
public AbstractPage(WebDriver driver) {
    this.driver = driver;
    initElements(driver, this);
}
```

将 LoginPage 类中的元素查找方法全部替换为通过注解来查找。

```
//省略 package 和 import 语句

public class LoginPage extends AbstractPage {

    @FindBy(tagName = "h1")
    private WebElement appName;
    @FindBy(css = "input[type='text']")
    private WebElement username;
    @FindBy(css = "input[type='password']")
    private WebElement password;
    @FindBy(className = "el-button")
    private WebElement loginButton;

    //省略其他代码

}
```

将 AbstractIndexPage 类中的元素查找方法全部替换为通过注解来查找。

```
//省略 package 和 import 语句

public abstract class AbstractIndexPage extends AbstractPage {

    @FindBy(css = "#nav > div:nth-child(2) > span")
    private WebElement username;
    @FindBy(className = "el-dropdown-link")
    private WebElement settings;
    @FindBy(className = "el-dropdown-menu__item")
    private WebElement logout;
```

```
    //省略其他代码
}
```

接下来重新执行测试方法，执行结果为通过，说明改造成功。

initElements(WebDriver driver, Class<T> pageClassToProxy)方法的使用与 initElements(WebDriver driver, Object page)方法类似，但需注意第二个参数的传递方式。以下将 LoginPage 类中的 goToLoginPage(WebDriver driver)方法修改为该方法来初始化页面对象。

```
public static LoginPage goToLoginPage(WebDriver driver) {
    //省略其他代码
    return initElements(driver, LoginPage.class);
}
```

同样将 GoodsPage 类中的 goToGoodsPage（WebDriver driver）方法也做对应修改。

```
public static GoodsPage goToGoodsPage(WebDriver driver) {
    //省略其他代码
    return initElements(driver, GoodsPage.class);
}
```

重新执行测试方法，如果执行结果仍然为通过，说明上述修改方式正确。

得益于泛型的强大功能，可以简化之前的代码以使不同的操作结果能够建模为同样的方法，此为 5.1 节规范中第 6 条的反例。

首先将 LoginPage 类中的 clickLoginButtonAsValid()和 clickLoginButtonAsInvalid()方法合并为以下方法。

```
public <T> T clickLoginButton(Class<T> pageClass) throws InterruptedException {
    loginButton.click();
    TimeUnit.SECONDS.sleep(3);
    return initElements(driver, pageClass);
}
```

然后将 loginAsValid（String username, String password）和 loginAsInvalid（String username, String password）方法合并为以下方法。

```
public <T> T login(String username, String password, Class<T> pageClass) throws InterruptedException {
    inputUsername(username);
    inputPassword(password);
    return clickLoginButton(pageClass);
}
```

接下来将 LoginAndLogout 类中调用的 loginAsValid(String username, String password)

方法替换为上述 login(String username, String password, Class<T> pageClass)方法即可。

5.4.2 使用 LoadableComponent<T extends LoadableComponent<T>>类

LoadableComponent<T extends LoadableComponent<T>>（以下简称 LoadableComponent）类即可加载组件，是一个抽象的泛型类。将 LoadableComponent 类作为页面对象的基类可以更好地管理页面加载问题。

由于本章中示例的页面对象都继承至 AbstractPage 类，因此首先要将 AbstractPage 类继承至 LoadableComponent 类。

```
//省略 package 和 import 语句

public abstract class AbstractPage<T extends AbstractPage<T>> extends LoadableComponent
<T> {

    //省略其他代码

}
```

然后修改 LoginPage 类。由于 LoginPage 类是可实例化的，因此需要实现 Loadable-Component 类中的两个抽象方法 load()和 isLoaded()。

```
//省略 package 和 import 语句

public class LoginPage extends AbstractPage<LoginPage> {

    //省略其他代码

    @Override
    protected void load() {
        driver.get("http://localhost:9002/login");
    }

    @Override
    protected void isLoaded() {
        String title = driver.getTitle();
        assertEquals(title, "登录");
    }

    //省略其他代码
```

```
}
```

以上代码在页面加载时会自己进行断言，以校验页面是否加载正确。此为 5.1 节规范中第 3 条的反例。

修改 AbstractIndexPage 类，代码如下所示。

```
//省略 package 和 import 语句

public abstract class AbstractIndexPage<T extends AbstractIndexPage<T>> extends AbstractPage
<T> {

    //省略其他代码

    public AbstractPage<T> clickSettings() throws InterruptedException {
        //省略其他代码
    }

    //省略其他代码

}
```

请注意上述代码中的 clickSettings()方法返回值被修改成了 AbstractPage<T>。

修改 GoodsPage 类，修改方式和修改 LoginPage 类一致。

```
//省略 package 和 import 语句

public class GoodsPage extends AbstractIndexPage<GoodsPage> {

    //省略其他代码

    @Override
    protected void load() {
        driver.get("http://localhost:9002/goods");
    }

    @Override
    protected void isLoaded() {
        String title = driver.getTitle();
        assertEquals(title, "物品管理");
    }

    //省略其他代码
```

```
}
```

最后修改 LoginAndLogout 类的 loginAndLogout(String username, String password)方法，以使用新方式创建 LoginPage 页面对象。

```
public LoginPage loginAndLogout(String username, String password) throws
InterruptedException {
    LoginPage loginPage = new LoginPage(driver).get();
    //省略其他代码
}
```

get()方法为 LoadableComponent 类提供，作用是返回该可加载组件，上述代码中的可加载组件即 LoginPage 页面对象。

5.5 优化建议

对于采用 Page Object 设计模式实现的自动化测试，笔者仍然推荐结合测试用例分层和数据解耦来进行优化。

关于测试用例分层详见“第 2 章 测试用例分层”；关于数据解耦详见“第 3 章 数据驱动测试”。

第 6 章 等待的艺术

6.1 Java 线程休眠

本书第 1 章中的登录测试用例使用了固定的等待时间 TimeUnit. SECONDS. sleep(3)，其中的 sleep(long timeout)方法实际上调用了 Thread 类中的 sleep(long millis)方法进行线程休眠，而 Thread 类中还有另外一个 sleep(long millis, int nanos)方法，从方法签名来猜测该方法应该支持纳秒级的线程休眠，但实际情况并非如此，以下为该方法的源码。

```
public static void sleep(long millis, int nanos) throws InterruptedException {
    if (millis < 0) {
        throw new IllegalArgumentException("timeout value is negative");
    }
    if (nanos < 0 || nanos > 999999) {
        throw new IllegalArgumentException("nanosecond timeout value out of range");
    }
    if (nanos >= 500000 || (nanos != 0 && millis == 0)) {
        millis++;
    }
    sleep(millis);
}
```

可以看到该方法传入的纳秒会根据不同的条件向毫秒进行取整，并且在自动化测试中使用纳秒级的精度意义不大，因此在自动化测试中使用 sleep(long millis)方法即可满足日常需求。

sleep(long millis)方法的使用非常简单，直接用 Thread. sleep(3000)替换 TimeUnit. SECONDS. sleep(3)即可，但请注意 sleep(long millis)方法中参数的单位是毫秒，而不是秒。

6.2 隐式等待

固定的等待时间对于自动化测试来说并不是理想的解决方案。

WebDriver 接口中定义了一个嵌套的 Timeouts 接口，该接口中有 3 个抽象方法。

1）implicitlyWait(long time, TimeUnit unit)：指定查找元素等待的超时时间。

2）pageLoadTimeout(long time, TimeUnit unit)：指定页面加载等待的超时时间。

3）setScriptTimeout(long time, TimeUnit unit)：指定异步执行 JavaScript 脚本等待的超时时间。

以上方法被称为“隐式等待”，因为它们是全局性的，即设置一次，后续操作都会隐含这些设置。

由于 RemoteWebDriver 类实现了以上 3 个抽象方法，而 ChromeDriver 类又继承了 RemoteWebDriver 类，因此在 ChromeDriver 类中可以直接调用以上 3 个方法。

6.2.1 查找元素等待

以查找 IMS 登录页面的用户名输入框为例。

首先查看查找用户名输入框的耗时，为此需要在测试方法中加入计时代码，修改后的登录测试方法如下所示。

```
@Test(description = "登录成功")
public void testCase_001() throws InterruptedException {
    ChromeDriver driver = new ChromeDriver();
    driver.manage().timeouts().implicitlyWait(10, TimeUnit.SECONDS);
    driver.get("http://localhost:9002/login");
    WebElement username;
    long startTime = System.currentTimeMillis();
    username = driver.findElementByCssSelector("input[type='text']");
    long endTime = System.currentTimeMillis();
    System.out.println("耗时:" + (endTime - startTime) + "毫秒");
    username.sendKeys("zhangsan");
    driver.findElementByCssSelector("input[type='password']").sendKeys("zhangsan123456");
    driver.findElementByClassName("el-button").click();
    Thread.sleep(3000);
    assertEquals(driver.findElementByCssSelector("#nav > div:nth-child(2) > span").getText(), "zhangsan");
    driver.quit();
}
```

通过多次执行登录测试方法，查找用户名输入框的耗时基本处于几十毫秒的水平，因此设置的 10 s 查找元素等待超时显然不会触发。

接下来将定位用户名输入框的选择器修改为错误值（即：input[type='text111']），并加入捕获异常的语句的功能，修改后的测试方法如下所示。

```
@Test(description = "登录成功")
public void testCase_001() throws InterruptedException {
    //省略其他代码
    WebElement username = null;
    long startTime = System.currentTimeMillis();
    try {
        username = driver.findElementByCssSelector("input[type='text111']");
    } catch (NoSuchElementException e) {
        long endTime = System.currentTimeMillis();
        System.out.println("耗时:" + (endTime - startTime) + "毫秒");
    }
    //省略其他代码
}
```

通过多次执行，抛出 NoSuchElementException 异常的时间大致为十秒零几十毫秒，说明使用 implicitlyWait（long time, TimeUnit unit）方法对当前 ChromeDriver 实例设置查找元素等待超时的时间生效了。

6.2.2　页面加载等待

修改登录测试方法，对加载登录页面的代码加入计时代码，修改后的测试方法如下所示。

```
@Test(description = "登录成功")
public void testCase_001() throws InterruptedException {
    ChromeDriver driver = new ChromeDriver();
    driver.manage().timeouts().pageLoadTimeout(10, TimeUnit.SECONDS);
    long startTime = System.currentTimeMillis();
    driver.get("http://localhost:9002/login");
    long endTime = System.currentTimeMillis();
    System.out.println("耗时:" + (endTime - startTime) + "毫秒");
    driver.findElementByCssSelector("input[type='text']").sendKeys("zhangsan");
     driver.findElementByCssSelector("input[type='password']").sendKeys("
zhangsan123456");
    driver.findElementByClassName("el-button").click();
    Thread.sleep(3000);
    assertEquals(driver.findElementByCssSelector("#nav > div:nth-child(2) > span")
.getText(), "zhangsan");
    driver.quit();
}
```

通过多次执行登录测试方法，加载登录页面的耗时基本处于几百毫秒的水平，因此设置的 10 s 页面加载等待超时显然不会触发。

接下来将超时时间修改为 10 ms，再次执行测试方法，则控制台显示抛出了 TimeoutException 异常，从而测试用例执行失败。

6.2.3 异步执行 JavaScript 脚本等待

首先需要了解一个接口 JavascriptExecutor，该接口中包含了两个抽象方法 executeScript(String script, Object... args) 和 executeAsyncScript(String script, Object... args)，前者用于同步执行 JavaScript 脚本，后者用于异步执行 JavaScript 脚本。

由于 RemoteWebDriver 类实现了以上两个抽象方法，而 ChromeDriver 类又继承了 RemoteWebDriver 类，因此在 ChromeDriver 类中可以直接调用以上两个方法。

新建一个 SetScriptTimeoutTest 测试类，设置异步执行 JavaScript 脚本等待的超时时间为 10 s，并异步执行一段 JavaScript 代码。

```
package com.lujiatao.c06;

import org.openqa.selenium.chrome.ChromeDriver;
import org.testng.annotations.Test;

import java.util.concurrent.TimeUnit;

public class SetScriptTimeoutTest {

    @Test(description = "异步执行 JavaScript 脚本等待超时")
    public void testCase_001() {
        ChromeDriver driver = new ChromeDriver();
        driver.manage().timeouts().setScriptTimeout(10, TimeUnit.SECONDS);
        long startTime = System.currentTimeMillis();
         driver.executeAsyncScript("window.setTimeout(arguments[arguments.length - 
1], 1000);");
        long endTime = System.currentTimeMillis();
        System.out.println("耗时:" + (endTime - startTime) + "毫秒");
        driver.quit();
    }

}
```

由于 JavaScript 脚本中只指定了 1 s（1000 ms）的延迟，因此执行该脚本的耗时远小于 10 s，即不会触发异步执行 JavaScript 脚本等待超时。

接下来将 JavaScript 脚本中的延迟时间设置为 100 s（100000 ms），再次执行测试方法，则控制台显示抛出了 ScriptTimeoutException 异常，从而测试用例执行失败。

6.3 显式等待

6.3.1 使用 WebDriverWait 类

由于线程休眠的固定等待显得过于刻板，而隐式等待是一种全局等待，即无法针对特定元素和场景进行单独处理。因此需要一种更加“智能”的等待方式来处理自动化测试过程中的各种等待问题。

WebDriverWait 就提供了更加先进的等待技术。

除非使用自定义的 Clock 或 Sleeper，否则一般使用以下两种构造方法来构建 WebDriverWait 实例。

1）WebDriverWait(WebDriver driver, long timeOutInSeconds)：指定 WebDriver 及等待超时时间（单位为 s）。

2）WebDriverWait(WebDriver driver, long timeOutInSeconds, long sleepInMillis)：指定 WebDriver 及等待超时时间（单位为 s），并在每次轮询前等待指定的毫秒数。

仍然以登录测试用例为例，新增一个 WebDriverWaitTest 测试类，将单击登录按钮后的线程休眠改成使用 WebDriverWait 来实现，并加入计时代码。

```
package com.lujiatao.c06;

import org.openqa.selenium.By;
import org.openqa.selenium.WebElement;
import org.openqa.selenium.chrome.ChromeDriver;
import org.openqa.selenium.support.ui.WebDriverWait;
import org.testng.annotations.Test;

import static org.openqa.selenium.support.ui.ExpectedConditions.presenceOfElementLocated;
import static org.testng.Assert.assertEquals;

public class WebDriverWaitTest {

    @Test(description = "登录成功")
    public void testCase_001() {
        ChromeDriver driver = new ChromeDriver();
        driver.get("http://localhost:9002/login");
```

```
            driver.findElementByCssSelector("input[type='text']").sendKeys("zhangsan");
            driver.findElementByCssSelector("input[type='password']").sendKeys("zhangsan123456");
            driver.findElementByClassName("el-button").click();
            WebDriverWait webDriverWait = new WebDriverWait(driver, 3);
            long startTime = System.currentTimeMillis();
            WebElement username = webDriverWait.until(presenceOfElementLocated(By.cssSelector("#nav > div:nth-child(2) > span")));
            long endTime = System.currentTimeMillis();
            System.out.println("耗时:" + (endTime - startTime) + "毫秒");
            assertEquals(username.getText(), "zhangsan");
            driver.quit();
        }

}
```

执行登录测试方法后，可看到线程并没有强制等待 3 s，而是很快就执行完成了，这都要归功于 WebDriverWait 更加高效的等待方式。

以上代码中元素的查找策略为：循环查找，直到找到元素或达到 3 s 超时。有时候希望在每次查找前停顿一定的时间，这时可在构造 WebDriverWait 实例时给其构造方法传递第 3 个参数，即停顿的毫秒数。

6.3.2 详解内置等待条件

WebDriverWait 类中的 until(Function<? super WebDriver, T> isTrue)方法接受一个函数式接口作为参数，而 ExpectedCondition<T>接口刚好继承至 Function<WebDriver, T>接口。

WebDriverWaitTest 测试类中的 presenceOfElementLocated(final By locator)方法为 ExpectedConditions 类中的静态方法，其作用是根据定位器校验元素是否存在，并返回一个 ExpectedCondition<T>类型的对象，其中类型形参的类型匹配 until(Function<?super WebDriver, T> isTrue)方法返回值的类型。

ExpectedConditions 类中有非常多的静态方法可用于返回 ExpectedCondition<T>对象以配合 until(Function<?super WebDriver, T> isTrue)方法来使用，以下根据 ExpectedCondition<T>的类型形参来分类，介绍一些常用的方法，若读者想了解所有的方法，请自行研读其源码。

1. 返回 ExpectedCondition<Boolean>

这部分静态方法结合 until(Function<? super WebDriver, T> isTrue)方法使用后返回一个布尔值，该值可用于断言或其他判断中。

and(final ExpectedCondition<?> ... conditions)：校验是否所有条件都为true（或非null）。

or(final ExpectedCondition<?> ... conditions)：校验是否至少有一个条件为true（或非null）。

not(final ExpectedCondition<?> condition)：校验是否条件为false（或null）。

elementSelectionStateToBe(final WebElement element, final boolean selected)：校验元素是否等于指定的选中状态。

elementSelectionStateToBe(final By locator, final boolean selected)：校验定位器指定的元素是否等于指定的选中状态。

elementToBeSelected(final WebElement element)：校验元素是否被选中。

elementToBeSelected(final By locator)：校验定位器指定的元素是否被选中。

numberOfWindowsToBe(final int expectedNumberOfWindows)：校验当前窗口（或页签）的数量是否等于期望的数量。

textToBe(final By locator, final String value)：校验定位器指定的元素文本是否等于期望的文本。

textToBePresentInElement(final WebElement element, final String text)：校验元素文本是否包含期望的文本。

textToBePresentInElementLocated(final By locator, final String text)：校验定位器指定的元素文本是否包含期望的文本。

titleIs(final String title)：校验页面标题是否等于期望的文本。

titleContains(final String title)：校验页面标题是否包含期望的文本。

urlToBe(final String url)：校验页面URL是否等于期望的文本。

urlContains(final String fraction)：校验页面URL是否包含期望的文本。

2. 返回ExpectedCondition<List<WebElement>>

这部分静态方法结合until(Function<? super WebDriver, T> isTrue)方法使用后返回一个WebElement列表。

numberOfElementsToBe(final By locator, final Integer number)：校验定位器指定的元素数量是否等于期望的数量。

presenceOfAllElementsLocatedBy(final By locator)：校验定位器指定的多个元素是否至少有一个存在。

visibilityOfAllElements(final List<WebElement> elements)：校验多个元素是否都存在。

visibilityOfAllElements(final WebElement... elements)：校验多个元素是否都存在。

visibilityOfAllElementsLocatedBy(final By locator)：校验定位器指定的多个元素是否都存在。

3. 返回 ExpectedCondition<WebElement>

这部分静态方法结合 until(Function<? super WebDriver, T> isTrue)方法使用后返回一个 WebElement。

elementToBeClickable(final WebElement element)：校验元素是否可点击。

elementToBeClickable(final By locator)：校验定位器指定的元素是否可点击。

presenceOfElementLocated(final By locator)：校验定位器指定的元素是否存在。

visibilityOf(final WebElement element)：校验元素是否可见。

visibilityOfElementLocated(final By locator)：校验定位器指定的元素是否可见。

6.3.3 使用 FluentWait<T>类

WebDriverWait 类是 FluentWait<T>类通过使用 WebDriver 作为类型形参实现的子类，因此如果对显式等待有更高的要求，可直接使用 FluentWait<T>类进行更大限度的自定义操作。

新增 FluentWaitTest 测试类，输入以下代码。

```
package com.lujiatao.c06;

import org.openqa.selenium.By;
import org.openqa.selenium.NoSuchElementException;
import org.openqa.selenium.WebElement;
import org.openqa.selenium.chrome.ChromeDriver;
import org.openqa.selenium.support.ui.FluentWait;
import org.openqa.selenium.support.ui.Wait;
import org.testng.annotations.Test;

import java.time.Duration;

import static org.openqa.selenium.support.ui.ExpectedConditions.presenceOfElementLocated;
import static org.testng.Assert.assertEquals;

public class FluentWaitTest {

    @Test(description = "登录成功")
    public void testCase_001() {
        ChromeDriver driver = new ChromeDriver();
        driver.get("http://localhost:9002/login");
        driver.findElementByCssSelector("input[type='text']").sendKeys("zhangsan");
```

```
        driver.findElementByCssSelector("input[type='password']").sendKeys("zhangsan123456");
        driver.findElementByClassName("el-button").click();
        Wait<ChromeDriver> wait = new FluentWait<>(driver).withTimeout(Duration.ofSeconds(3)).pollingEvery(Duration.ofMillis(500)).ignoring(NoSuchElementException.class);
        WebElement username = wait.until(presenceOfElementLocated(By.cssSelector("#nav > div:nth-child(2) > span")));
        assertEquals(username.getText(), "zhangsan");
        driver.quit();
    }

}
```

以上代码在创建了一个 Wait<ChromeDriver>实例后，使用 Duration 对象分别设置了超时时间及每次校验条件是否满足时的等待时间，然后还设置了忽略的异常。

对比 WebDriverWait 类，FluentWait<T>类可更灵活控制超时时间及停顿时间，甚至可以忽略指定的异常（可忽略单个或多个异常）。

6.3.4 实现自定义等待条件

既然 FluentWait<T>类提供了更灵活的显式等待方式，就完全可以自定义等待条件，而不需要结合 ExpectedConditions 类来使用。

1. 使用 lambda 表达式

将上述登录测试方法中的 presenceOfElementLocated(final By locator)方法替换为 lambda 表达式。

```
@Test(description = "登录成功")
public void testCase_001() {
    //省略其他代码
    WebElement username = wait.until(driver2 -> driver2.findElementByCssSelector("#nav > div:nth-child(2) > span"));
    //省略其他代码
}
```

使用 lambda 表达式后，等待条件具有了高度的可定制化，因此可以在其中使用较为复杂的逻辑。

2. 使用外部方法

lambda 表达式并不适合存放太多的代码，且其逻辑与数据是耦合在一起的。因此使用外部方法是一种更好的选择。

首先新建一个 CustomExpectedConditions 类，在该类中新增一个 hasWebElement(By locator)方法，该方法意在提供与 presenceOfElementLocated(final By locator)方法一样的作用。

```
package com.lujiatao.c06;

import org.openqa.selenium.By;
import org.openqa.selenium.WebDriver;
import org.openqa.selenium.WebElement;

import java.util.function.Function;

public class CustomExpectedConditions {

    public static Function<WebDriver, WebElement> hasWebElement(By locator) {
        return driver -> driver.findElement(locator);
    }

}
```

修改登录测试方法，将 lambda 表达式替换为 hasWebElement(By locator)方法。

```
@Test(description = "登录成功")
public void testCase_001() {
    //省略其他代码
    WebElement username = wait.until(hasWebElement(By.cssSelector("#nav > div:nth-child(2) > span")));
    //省略其他代码
}
```

再次执行登录测试用例，执行结果仍然为通过，说明使用自定义等待条件成功。

第 7 章　高效的断言

在自动化测试中，断言是必不可少的。本章先介绍 Java 的断言机制，然后介绍自动化测试框架 TestNG 和 JUnit 的断言，最后介绍第三方断言库 AssertJ 和 Hamcrest。

7.1　Java 断言

在 Java 中，断言使用 assert 关键字，断言失败时会抛出 AssertionError，即断言错误。

以打开 IMS 登录页面为例，新增 JavaAssertion 类，代码如下所示。

```
package com.lujiatao.c07;

import org.openqa.selenium.chrome.ChromeDriver;

public class JavaAssertion {

    public static void main(String[] args) {
        ChromeDriver driver = new ChromeDriver();
        driver.get("http://localhost:9002/login");
        assert driver.getTitle().equals("首页");
        driver.quit();
    }

}
```

登录页面的标题应为“登录”，而不是“首页”，按理说执行以上代码应该抛出 AssertionError 错误，但实际上控制台的输出并未出现 AssertionError 错误。这是为什么呢？因为默认情况下 JVM 是关闭了断言功能的，若需启用断言功能，需要向 JVM 传递-ea 命令，如图 7-1 所示。

重新执行以上代码，控制台打印了 AssertionError 错误，说明断言的代码已经生效。当断言失败时，可增加提示信息，方法是将提示信息与布尔表达式以英文冒号（:）分隔即可，修改后的 main(String[] args)方法代码如下所示。

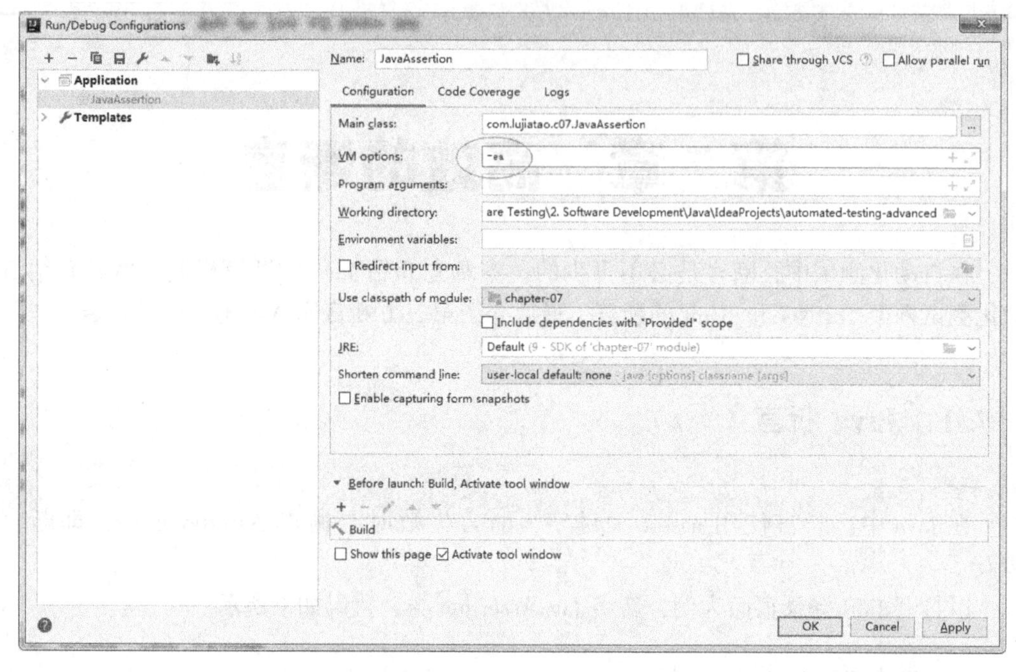

图 7-1　启用 Java 断言

```
public static voidmain(String[] args) {
    //省略其他代码
    assert driver.getTitle().equals("首页") : "页面标题错误!";
    driver.quit();
}
```

重新执行以上代码，控制台不仅打印了 AssertionError 错误，还打印了提示信息，如图 7-2 所示。

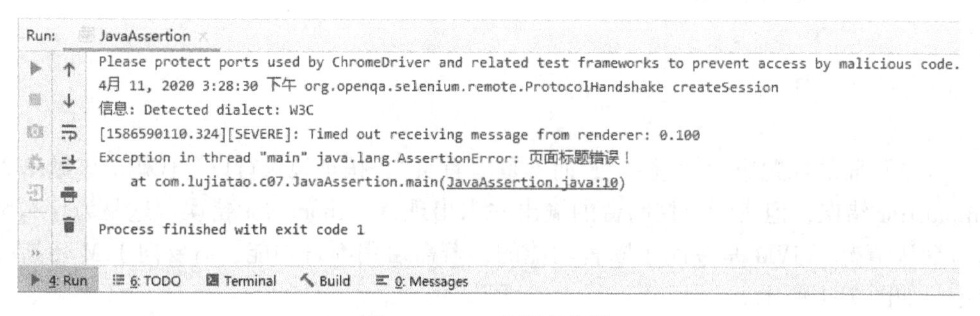

图 7-2　Java 的断言失败

7.2　TestNG 断言

TestNG 作为自动化测试框架，内置的断言功能非常强大。

7.2.1　相等和不相等的断言

1. 基本用法

相等和不相等分别以 assertEquals 和 assertNotEquals 作为方法名，言简意赅。当然，这些方法包含了多个重载的方法用于不同的断言场景。

以字符串的相等和不相等为例，新增 TestNGAssertion 测试类，代码如下所示。

```
package com.lujiatao.c07;

import org.testng.annotations.Test;

import static org.testng.Assert.assertEquals;

public class TestNGAssertion {

    @Test
    public void testCase_001() {
        String expected = "qwerty";
        String actual = getString();
        assertEquals(actual, expected);
    }

    private String getString() {
        return "qwerty";
    }

}
```

以上代码中期望字符串和实际字符串相等，因此断言成功，测试方法执行通过。

如果将 getString() 方法的返回值改成“qwerty2”，则断言失败，控制台打印如图 7-3 所示。

从图 7-3 可以看出断言失败时 TestNG 会给出期望值和实际值，因此对于测试人员而言通过提示信息排查问题就很方便了。

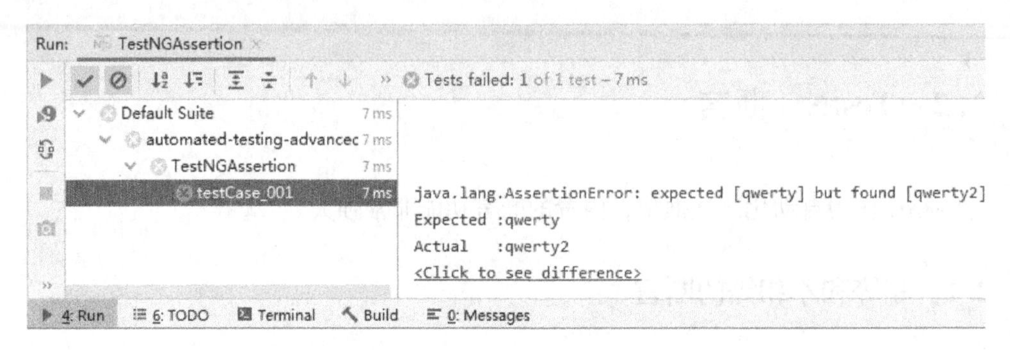

图 7-3　TestNG 的断言失败

类似于 Java 断言，可以给 TestNG 断言添加断言失败的提示信息，为此修改测试方法如下所示。

```
@Test
public void testCase_001() {
    //省略其他代码
    assertEquals(actual, expected, "实际字符串与期望字符串不相等!");
}
```

以上是字符串类型的断言，对于其他类型的断言使用方法一致。

2. 浮点类型的精度

对于浮点类型来说，必须考虑精度问题，否则很难与测试人员的预期结果相符。

TestNG 专门针对 double、float、double[]和 float[]提供了特定的断言方法。新增测试方法 testCase_002()，代码如下所示。

```
@Test
public void testCase_002() {
    double expected = 1.0001;
    double actual = getDouble();
    assertEquals(actual, expected);
}
```

新增 getDouble()方法用于返回实际 double 值。

```
private double getDouble() {
    return 1.00001;
}
```

很明显期望值与实际值不相等，断言失败。但是计算机对浮点型数字的计算往往会有误差，因此在大多数情况下需要指定一定的精度来消除该误差，假设允许万分之一（0.0001）的误差，那么以上断言应该断言成功，为此对 testCase_002()测试方法修改如下。

```
@ Test
public void testCase_002() {
    //省略其他代码
    assertEquals(actual, expected, 0.0001);
}
```

重新执行 testCase_002()测试方法，断言成功。

3. 数组的顺序

默认情况下数组类型对象的断言是顺序相关的。新增 testCase_003()测试方法，输入以下代码。

```
@ Test
public void testCase_003() {
    Object[] expected = {1, 2, 3, 4, 5};
    Object[] actual = getObjectArray();
    assertEquals(actual, expected);
}
```

新增 getObjectArray()方法用于返回实际 Object[]值：

```
private Object[] getObjectArray() {
    return new Object[]{5, 4, 3, 2, 1};
}
```

由于期望数组和实际数组在元素顺序上不一致，因此执行 testCase_003()测试方法断言结果为失败。有时候希望与顺序无关，只比较其中的元素即可，这时可以使用 assertEqualsNoOrder(Object[] actual, Object[] expected)方法，为此修改 testCase_003()测试方法如下所示。

```
@ Test
public void testCase_003() {
    //省略其他代码
    assertEqualsNoOrder(actual, expected);
}
```

重新执行 testCase_003()测试方法，断言成功。

4. Set<E>和 Map<K, V>的特殊方法

assertEqualsDeep(Set<?> actual, Set<?> expected, String message)方法用于 Set<E>，当 Set<E>元素为数组时，会逐个比较数组元素。

assertEqualsDeep(Map<?, ?> actual, Map<?, ?> expected)和 assertEqualsDeep(Map<?,

?> actual, Map<?, ?> expected, String message)方法用于 Map<K, V>，当 Map<K, V>元素为数组时，会逐个比较数组元素。

以上只介绍了断言相等方法的用法，而断言不相等方法的用法与断言相等一致，只是效果相反而已，即期望与实际不相等时断言成功，相等时断言失败，此处不再赘述。

注意：TestNG 没有 assertEqualsDeep（Set<?> actual, Set<?> expected）方法，但却有对应的 assertNotEqualsDeep（Set<?> actual, Set<?> expected）方法。

7.2.2 真和假的断言

对于真假的断言，传递的参数是一个布尔表达式。

新增 testCase_004()测试方法，代码如下所示。

```
@Test
public void testCase_004() {
    int num = getInt();
    assertTrue(num < 10);
    assertFalse(num < 5);
}
```

新增 getInt()方法用于返回 int 值：

```
private int getInt() {
    return 9;
}
```

执行 testCase_004()测试方法，两个断言均断言成功。

断言真假的方法也接收第二个字符串类型的参数，它用于增加断言失败时的提示信息。

7.2.3 空和非空的断言

空和非空的判断是针对对象而言的。

新增 testCase_005()测试方法，代码如下所示。

```
@Test
public void testCase_005() {
    Object object = getObject();
    assertNull(object);
}
```

新增 getObject()方法用于返回 Object 对象，代码如下。

```
private Object getObject() {
```

```
        return null;
    }
```

执行 testCase_005( )测试方法，断言成功。

将 assertNull(Object object)方法修改为 assertNotNull(Object object)，且将 getObject( )的返回值改为“new Object( )”，重新执行 testCase_005( )测试方法，仍然断言成功。

7.2.4　相同和不相同的断言

通过查看源码，相同和不相同是使用“==”进行比较，而相等和不相等是使用 equals(Object obj) 方法进行比较，由于 Object 类中的 equals(Object obj)方法也是使用了“==”来进行对象的比较，因此当对象未重写 equals(Object obj)方法时，两者比较结果一致，否则可能不一致。

7.2.5　抛出的断言

有时候需要断言抛出异常的场景，在 TestNG 中有 3 个断言方法可供这些场景使用。

在这之前需要先了解 ThrowingRunnable 接口，上述 3 个断言方法均需要使用该接口作为参数。ThrowingRunnable 接口仅包含一个返回值为空的 run( )方法，该方法抛出 Throwable 对象。既然如此，完全可以使用 lambda 表达式或方法引用来实例化该接口。

新增 testCase_006( )测试方法，代码如下所示。

```
    @Test
    public void testCase_006() {
        ThrowingRunnable throwingRunnable = getThrowingRunnable();
        assertThrows(throwingRunnable);
        assertThrows(Exception.class, throwingRunnable);
        Exception exception = expectThrows(Exception.class, throwingRunnable);
        System.out.print(exception.getMessage());
    }
```

新增 getThrowingRunnable( )方法用于返回 ThrowingRunnable 对象。

```
    private ThrowingRunnable getThrowingRunnable() {
        return () -> {
            throw new Exception("ThrowingRunnable 异常");
        };
    }
```

从以上代码可以看出，assertThrows(ThrowingRunnable runnable)和 assertThrows(Class<T> throwableClass, ThrowingRunnable runnable)方法的区别在于后者指定了抛出对

象的类，而前者没有。而 expectThrows(Class<T> throwableClass, ThrowingRunnable runnable)和 assertThrows(Class<T> throwableClass, ThrowingRunnable runnable)方法的区别在于前者返回了该抛出对象，而后者没有。由于只是返回类型不同，因此方法名必须不同，否则会造成方法签名一致而无法编译通过。expectThrows(Class<T> throwableClass, ThrowingRunnable runnable)方法也成为了 TestNG 中除失败方法（7.2.6 节介绍）外唯一一个不是以“assert”作为方法名开头的断言方法。

7.2.6 失败的断言

失败方法属于比较特殊的存在，它们的作用在于直接触发 AssertionError。新增 testCase_007()测试方法，代码如下所示。

```
@Test
public void testCase_007() {
    fail("失败!");
}
```

执行 testCase_007()测试方法，直接抛出了 AssertionError，提示信息为“失败!”。

TestNG 中一共有 3 个失败方法，另外两个重载的失败方法分别为 fail() 和 fail(String message, Throwable realCause)，前者省略了提示信息，后者增加了抛出对象。TestNG 除了自带的断言方法外，它还内置了 JUnit 的断言方法，关于 JUnit 的断言，7.3 节会详细介绍，此处先不予讨论。

7.3 JUnit 断言

JUnit 的断言功能比 TestNG 更为强大，其中的断言方法极大地发挥了函数式编程的优势。

7.3.1 准备

JUnit 断言方法的参数中需要使用到 4 个函数式接口，分别如下。

1）Executable：Executable 接口仅包含一个返回值为空的 execute()方法，该方法抛出 Throwable 对象。其用途类似于 TestNG 中的 ThrowingRunnable 接口。

2）Supplier<T>：Supplier<T>接口属于 Java 内置函数式接口，其提供了一个返回值为 T 的 get()方法。

3）ThrowingSupplier<T>：ThrowingSupplier<T>接口类似于 Supplier<T>接口，但其 get()方法会抛出 Throwable 对象，返回值同样为 T。

4）BooleanSupplier：BooleanSupplier 接口同样属于 Java 内置函数式接口，其提供了一个返回值为 boolean 的 getAsBoolean( )方法。

由于 JUnit 的断言方法比 TestNG 更多，为了更好地演示它们的使用，首先创建两个辅助类 Calculator 和 Person。

Calculator 类代码如下所示。

```
package com.lujiatao.c07;

public class Calculator {

    public static int add(int a, int b) {
        return a + b;
    }

}
```

Person 类代码如下所示。

```
package com.lujiatao.c07;

public class Person {

    private String idCard;
    private String name;

    public Person(String idCard, String name) {
        this.idCard = idCard;
        this.name = name;
    }

    public String getIdCard() {
        return idCard;
    }

    public void setIdCard(String idCard) {
        this.idCard = idCard;
    }

    public String getName() {
        return name;
    }
```

```
        public void setName(String name) {
            this.name = name;
        }

    }
```

以上代码非常简单，不再过多解释。

7.3.2 相等和不相等的断言

1. 基本用法

新增 JUnitAssertion 测试类和 testCase_001()测试方法，代码如下。

```
package com.lujiatao.c07;

import org.junit.jupiter.api.Test;

import static com.lujiatao.c07.Calculator.add;
import static org.junit.jupiter.api.Assertions.assertEquals;

public class JUnitAssertion {

    @Test
    void testCase_001() {
        assertEquals(2, add(1, 1));
    }

}
```

执行 testCase_001()测试方法，断言成功。

JUnit 的期望值为第一个参数，而实际值为第二个参数，这与 TestNG 刚好相反。

将 testCase_001()测试方法中断言方法的期望值改为“3”，重新执行 testCase_001()测试方法，可以看到抛出了 AssertionFailedError，如图 7-4 所示。

AssertionFailedError 为 AssertionError 的子类，其由第三方函数库 opentest4j 实现。

在 JUnit 中可使用 String 或 Supplier<String>来提供断言失败的提示信息，以下演示 Supplier<String>的用法，为此修改 testCase_001()测试方法如下所示。

```
@Test
void testCase_001() {
    assertEquals(3, add(1, 1), () -> "期望值与实际值不相等!");
}
```

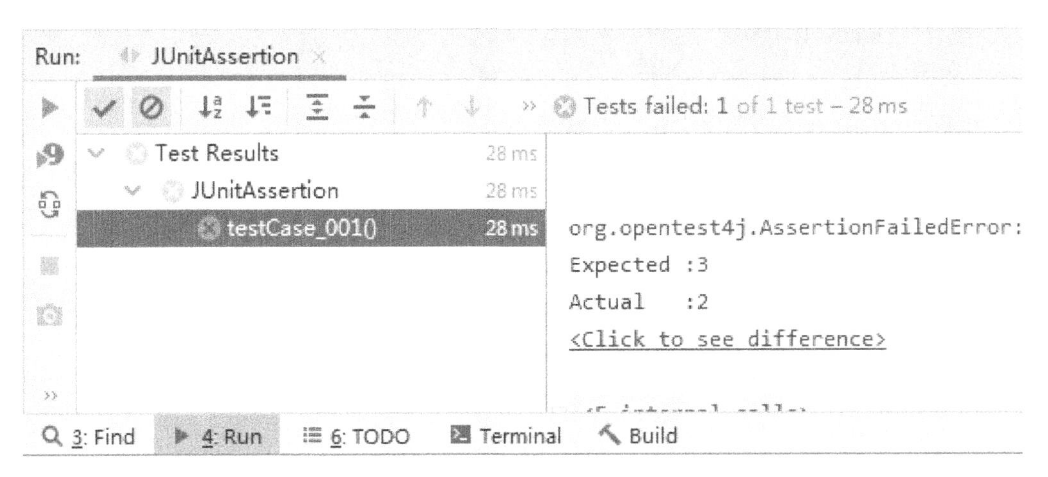

图 7-4　JUnit 的断言失败

重新执行 testCase_001( )测试方法，断言失败，并打印了提示信息。

以上是 int 类型的断言，对于其他类型的断言使用方法一致。

2. 包装类型的断言

以 assertEquals(int expected, int actual)方法为例，JUnit 同时还提供以下方法来对 int 类型的包装类 Integer 进行断言。

assertEquals(int expected, Integer actual)：实际值为 Integer 类型。

assertEquals(Integer expected, int actual)：期望值为 Integer 类型。

assertEquals(Integer expected, Integer actual)：期望值和实际值均为 Integer 类型。

其他基本类型也提供了对应的包装类型断言方法。

3. 浮点类型的精度

JUnit 专门针对 double 和 float 类型提供了特定的断言方法，它们可加入精度作为第三个参数。

新增测试方法 testCase_002( )，代码如下所示。

```
@Test
void testCase_002() {
    double expected = 1.0001;
    double actual = getDouble();
    assertEquals(expected, actual, 0.0001);
}
```

新增 getDouble( )方法用于返回实际 double 值。

```
private double getDouble() {
```

```
        return 1.00001;
    }
```

执行 testCase_002()测试方法，断言成功。

如果将精度调整为十万分之一（0.00001），重新执行 testCase_002()测试方法，断言失败。由于期望值和实际值的差别大于十万分之一，因此断言失败在意料之中。

4. 数组的断言

对于数组的断言，JUnit 使用了名为 assertArrayEquals 的方法。

新增 testCase_003()测试方法，输入以下代码。

```
@Test
void testCase_003() {
    int[] expected = {1, 2, 3, 4, 5};
    int[] actual = getIntArray();
    assertArrayEquals(expected, actual);
}
```

新增 getIntArray()方法用于返回实际 int[]值。

```
private int[] getIntArray() {
    return new int[]{1, 2, 3, 4, 5};
}
```

执行 testCase_003()测试方法，断言成功。

如果将 getIntArray()方法返回的数组中的元素顺序交换，重新执行 testCase_003()测试方法，则断言会失败。JUnit 未提供类似于 TestNG 的 assertEqualsNoOrder(Object[] actual, Object[] expected)或 assertEqualsNoOrder(Object[] actual, Object[] expected, String message)方法来保证顺序不一致的两个数组断言成功。

另外，double 和 float 类型的数组也支持第三个参数作为精度，在此不再演示。

5. 可迭代对象的断言

可迭代对象指直接或间接实现了 Iterable<T>接口的对象。

新增 testCase_004()测试方法，输入以下代码。

```
@Test
void testCase_004() {
    List<Integer> expected = asList(1, 2);
    List<Integer> actual = getIntegerList();
    assertIterableEquals(expected, actual);
}
```

新增 getIntegerArrayList()方法用于返回实际 List<Integer>对象。

```
private List<Integer> getIntegerList() {
    return asList(1, 2);
}
```

由于 List<E>继承至 Collection<E>，而 Collection<E>又继承至 Iterable<T>，因此 List<E>属于可迭代对象。执行 testCase_004()测试方法，断言成功。

以上只介绍了断言相等方法的用法，而断言不相等方法用法与断言相等一致，只是效果相反而已，即期望与实际不相等时断言成功，相等时断言失败，此处不再赘述。

7.3.3 真和假的断言

对于真假的断言，断言方法的第一个参数除了支持布尔表达式，还支持 BooleanSupplier。

新增 testCase_005()测试方法，代码如下所示。

```
@Test
void testCase_005() {
    assertTrue(add(1, 1) > 1);
    assertTrue(() -> add(1, 1) > 1);
    assertFalse(add(1, 1) <= 1);
    assertFalse(() -> add(1, 1) <= 1);
}
```

以上代码分别演示了断言为真和断言为假的情况，且分别使用了布尔表达式和 BooleanSupplier。

断言真假的方法也接收第二个字符串类型或 Supplier<String>类型的参数，它们用于增加断言失败时的提示信息。

7.3.4 空和非空的断言

空和非空的判断是针对对象而言的。

新增 testCase_006()测试方法，代码如下所示。

```
@Test
void testCase_006() {
    Object object = getObject();
    assertNull(object);
}
```

新增 getObject()方法用于返回 Object 对象，代码如下。

```
private Object getObject() {
```

```
        return null;
    }
```

执行 testCase_006( )测试方法，断言成功。

将 assertNull(Object actual)方法修改为 assertNotNull(Object actual)，且将 getObject( )的返回值改为“new Object( )”，重新执行 testCase_006( )测试方法，仍然断言成功。

7.3.5 相同和不相同的断言

与 TestNG 类似，JUnit 中的相同和不相同分别使用“==”和“!=”进行比较，而相等和不相等是使用 equals(Object obj)方法进行比较，由于 Object 类中的 equals(Object obj)方法也是使用了“==”来进行对象的比较，因此当对象未重写 equals(Object obj)方法时，两者比较结果一致，否则可能不一致。

7.3.6 匹配的断言

JUnit 针对断言两个 List<String>类型的对象是否匹配，提供了一种分段匹配算法。

第 1 步：检查 expected.equals(actual)是否为真，如果为真，进行下一组期望值与实际值的比较，否则进行第 2 步。

第 2 步：将期望值 expected 视为正则表达式，检查 actual.matches(expected)是否为真，如果为真，进行下一组期望值与实际值的比较，否则进行第 3 步。

接下来先演示正则表达式的使用。新增 testCase_007( )测试方法，代码如下所示。

```
@Test
void testCase_007() {
    List<String> expected = asList("张三", "李\\D");
    List<String> actual = getStringList();
    assertLinesMatch(expected, actual);
}
```

新增 getStringList( )方法用于返回 List<String>对象：

```
private List<String> getStringList() {
    return asList("张三", "李四");
}
```

testCase_007( )测试方法中预期值的第二个元素为“李\\D”，其中的“\\D”为 Java 正则表达式，表示匹配一个非数字。而 getStringList( )方法中返回的实际值的第二个元素为“李四”，满足匹配规则。因此执行 testCase_007( )测试方法，断言成功。

第 3 步：检查期望值 expected 是否为快进标志，如果是，则应用该快进策略并转到第 1 步，否则断言失败。

快进标志是指以“>>”开头和结尾用于跳过某些 List<String>元素的字串符，有两种快进策略。

1）跳过指定数量的元素：“>>*n*>>”用于跳过 *n* 个元素，*n* 为数字。

2）跳过任意数量的元素：“>>［描述信息］>>”用于跳过任意数量的元素，两个“>>”之间为描述信息，描述信息是可选的。

为了演示快进标志的使用，修改 testCase_007( )测试方法和 getStringList( )方法，将它们的 asList(T... a)方法参数分别修改为:**"1"**，**">>2>>"**，**"1234"**和**"1"**，**"12"**，**"123"**，**"1234"**。

此时快进标志表示跳过 2 个元素，对比实际值，如果跳过中间两个元素，那么期望值与实际值应该匹配。重新执行 testCase_007( )测试方法，可以看到执行结果为断言成功，因此印证了以上推断。

删除 testCase_007( )测试方法快进标志中的数字，重新执行 testCase_007( )测试方法，断言仍然成功。为什么仍然是成功呢？因为删除数字后的快进标志为“>>>>”，此时快进标志执行的快进策略是跳过任意数量的元素，这里跳过的是 2 个元素。

7.3.7　多个结果的断言

多个结果的断言支持 Executable...、Collection<Executable>和 Stream<Executable> 3 种类型的对象。本节仅演示 Executable... 类型的对象，其他两种类型的对象有兴趣的读者可自行研究。

新增 testCase_008( )测试方法，代码如下所示。

```
@Test
void testCase_008() {
    Person actual = new Person("123456", "张三");
    assertAll(
            () -> assertEquals("123456", actual.getIdCard()),
            () -> assertEquals("张三", actual.getName())
    );
}
```

以上代码首先创建了一个 Person 对象作为实际值，然后使用 assertAll(Executable... executables)方法分别断言了 Person 对象中的 idCard 和 name 属性的值。

assertAll(Executable... executables)方法断言失败会抛出 MultipleFailuresError，同 AssertionFailedError 一样，MultipleFailuresError 也是 AssertionError 的子类，由第三方函

数库 opentest4j 实现。

可以传递一个 String 类型的参数作为断言失败的提示信息，需要注意的是，该参数应放在第一个参数的位置，代码如下所示。

```
@Test
void testCase_008() {
    Person actual = new Person("123456", "张三");
    assertAll("Person 断言失败",
            () -> assertEquals("123456", actual.getIdCard()),
            () -> assertEquals("张三", actual.getName())
    );
}
```

7.3.8 超时的断言

JUnit 中的超时断言分抢占式和非抢占式两种。抢占式指超过了指定超时时间后可执行对象线程将被立即中止，而非抢占式不会，因为非抢占式的可执行对象线程与调用代码属于同一个线程。

1. 抢占式

方法名为 assertTimeoutPreemptively 的断言方法用于抢占式超时的断言，其有 6 个重载的方法，本节仅介绍 assertTimeoutPreemptively(Duration timeout, Executable executable) 及 assertTimeoutPreemptively(Duration timeout, ThrowingSupplier<T> supplier)，其他 4 个方法均在以上两个方法的基础上加上了断言失败的提示信息。

新增 testCase_009()测试方法，代码如下所示。

```
@Test
void testCase_009() {
    Executable executable = () -> Thread.sleep(10000);
    long startTime = System.currentTimeMilli();
    try {
        assertTimeoutPreemptively(Duration.ofSeconds(5), executable);
    } catch (AssertionFailedError e) {
        long endTime = System.currentTimeMillis();
        System.out.println("耗时:" + (endTime - startTime) + "毫秒");
    }
}
```

可执行对象需要 10000 ms（10 s）才能执行完成，而断言方法中超时时间设置成了 5 s，由于使用的是抢占式超时断言，因此应该在 5 s 后抛出 AssertionFailedError。多次执行 testCase_009( )测试方法，在笔者的计算机上计时代码打印的耗时在 5012 ms 左右，从而印证了以上推断。

将 Executable 对象替换成 ThrowingSupplier<T>对象便可获取可执行对象中的 T 对象，为此修改 testCase_009( )测试方法，代码如下所示。

```
@Test
void testCase_009() {
    ThrowingSupplier<String> stringThrowingSupplier = () -> {
        Thread.sleep(1000);
        return "成功!";
    };
    String result = assertTimeoutPreemptively(Duration.ofSeconds(5), stringThrowingSupplier);
    System.out.println(result);
}
```

以上代码中的可执行对象替换成了 ThrowingSupplier<String>，且其执行时间为 1000 ms（1 s），因此应该在给定的时间（5 s）内执行成功。

重新执行 testCase_009( )测试方法，可以看到控制台成功打印出了字符串"成功!"。

2. 非抢占式

新增 testCase_010( )测试方法，代码如下所示。

```
@Test
void testCase_010() {
    Executable executable = () -> Thread.sleep(10000);
    long startTime = System.currentTimeMillis();
    try {
        assertTimeout(Duration.ofSeconds(5), executable);
    } catch (AssertionFailedError e) {
        long endTime = System.currentTimeMillis();
        System.out.println("耗时:" + (endTime - startTime) + "毫秒");
    }
}
```

多次执行 testCase_010( )测试方法，在笔者的计算机上计时代码打印的耗时在 10007 ms 左右，从而证实了非抢占式超时断言的机制，即可执行对象线程与调用代码属于同一个线程。

7.3.9 抛出和不抛出的断言

1. 抛出

抛出断言的作用是断言一个可执行对象会抛出 Throwable 对象，并获得其抛出的 Throwable 对象。

新增 testCase_011()测试方法，代码如下所示。

```
@Test
void testCase_011() {
    Executable executable = () -> {
        throw new Exception("Executable 异常");
    };
    Exception exception = assertThrows(Exception.class, executable);
    System.out.println(exception.getMessage());
}
```

执行 testCase_011()测试方法，控制台打印出了“Executable 异常”字符串，证明获取到了 Exception 对象。

2. 不抛出

不抛出断言支持 Executable 和 ThrowingSupplier<T>两种可执行对象作为参数，使用后者可获取其 T 对象。

新增 testCase_012()测试方法，代码如下所示。

```
@Test
void testCase_012() {
    Executable executable = () -> {
        throw new Exception("Executable 异常");
    };
    assertDoesNotThrow(executable);
}
```

由于断言为不抛出，但上述代码的 Executable 对象却抛出了异常，因此执行 testCase_012()测试方法后断言失败。

将 Executable 对象替换成 ThrowingSupplier<T>对象便可获取可执行对象中的 T 对象，为此修改 testCase_012()测试方法，代码如下所示。

```
@Test
void testCase_012() {
    ThrowingSupplier<String> stringThrowingSupplier = () -> "成功!";
```

```
        String result = assertDoesNotThrow(stringThrowingSupplier);
        System.out.println(result);
    }
```

重新执行 testCase_012( )测试方法，控制台打印出了“成功!”字符串，证明获取到了 T 对象。

7.3.10　失败的断言

JUnit 中共有 5 个重载的失败方法，它们都会返回一个通用类型 V 对象，其目的在于便于使用单语句 lambda 表达式。对于这 5 个方法的 return 语句，在源代码中均有这样一段注释。

```
// appeasing the compiler: this line will never be executed.
```

以上注释的意思是“满足编译要求：该行永远不会执行。”，因为在 return 语句之前就会引发 AssertionFailedError，因此实际上 V 对象并不会返回给调用者。

新增 testCase_013( )测试方法，代码如下所示。

```
@Test
void testCase_013() {
    fail("失败!");
}
```

执行 testCase_013( )测试方法，直接抛出了 AssertionFailedError，提示信息为“失败!”。

JUnit 的另外 4 个重载的失败方法如下。

1）fail( )：不提供失败提示信息，直接抛出 AssertionFailedError。

2）fail(Supplier<String> messageSupplier)：以 Supplier<String>方式提供失败提示信息，抛出 AssertionFailedError。

3）fail(Throwable cause)：提供 Throwable 对象，抛出 AssertionFailedError。

4）fail(String message, Throwable cause)：提供失败提示信息和 Throwable 对象，抛出 AssertionFailedError。

7.4　使用 AssertJ 断言函数库

TestNG 和 JUnit 的断言功能都很强大，可以满足我们自动化测试的日常使用，但它们都有一个共同缺点，即不易读。使用 AssertJ、Hamcrest 等第三方断言函数库可提高断言的可读性，如果要对这些第三方断言函数库进行详细介绍需要大量篇幅，甚至需要一整本书，因此本章对 AssertJ 和 Hamcrest（7.5 节）的介绍比较简单，主要为了展示他们易读且强大的断言功能，有兴趣的读者可自行查阅相关资料对它们进行详细了解。

AssertJ 是 Java 的一个流式断言函数库，其主要包含以下模块。

1）AssertJ Fluent Assertions：AssertJ 的核心模块，支持 Java 自带类型的断言。

2）AssertJ Fluent Assertions For Guava：针对 Google Guava 的特定断言模块。

3）AssertJ Fluent Assertions For Joda Time：针对 Joda-Time 的特定断言模块。

4）AssertJ Fluent Assertions For Neo4j：针对 Neo4j 的特定断言模块。

5）AssertJ DB Assertions For Database：针对关系型数据库的特定断言模块。

6）AssertJ Swing：针对 Swing 功能测试的特定 API。

本节仅介绍 AssertJ Fluent Assertions 的使用，首先引入 AssertJ Fluent Assertions 依赖包。

```
<dependency>
    <groupId>org.assertj</groupId>
    <artifactId>assertj-core</artifactId>
    <version>3.15.0</version>
</dependency>
```

对比 TestNG 或 JUnit 的相等和不相等断言方法，AssertJ 的实现看起来更加易读。新增 AssertJAssertion 类，代码如下所示。

```
package com.lujiatao.c07;

import static com.lujiatao.c07.Calculator.add;
import static org.assertj.core.api.Assertions.assertThat;

public class AssertJAssertion {

    public static void main(String[] args) {
        assertThat(add(1, 1)).isEqualTo(2);
        assertThat(add(1, 1)).isNotEqualTo(3);
    }

}
```

可以看到，AssertJ 将期望值和实际值用描述型的方法进行分隔，看起来非常像一个英语句子。

接下来看一个更复杂的例子，为此需要修改 main(String[] args)方法。

```
public static void main(String[] args) {
    //省略其他代码
    List<String> actual = asList("张三", "李四", "王五");
    assertThat(actual).hasSize(3)
```

```
            .contains("张三", "李四")
            .doesNotContain("小明");
}
```

上述代码断言一个 List<String>对象，对该对象的元素个数、包含的元素以及不包含的元素分别进行了断言，这样的代码非常易读。

作为断言函数库，如果只是易读，显然不能成为使用它的理由。除了易读，它应该具备强大的断言功能。以下演示 AssertJ 的过滤方法。

修改 main(String[] args)方法，代码如下所示。

```
public static void main(String[] args) {
    //省略其他代码
    List<Integer> actual2 = asList(1, 80, 0, 55, 12, 6);
    assertThat(actual2).filteredOn(num -> num < 10)
            .containsOnly(1, 0, 6);
}
```

以上代码使用到了过滤方法，该方法可接受多种参数类型，以上示例使用了 Predicate<? super Integer>类型的对象，并通过 lambda 表达式实例化 Predicate<T>接口。

如果需要复用过滤条件或过滤条件过于复杂，可使用方法引用代替。要使用方法引用，首先创建一个辅助类 Filtertor，代码如下所示。

```
package com.lujiatao.c07;

public class Filtertor {

    public static boolean lessThanTen(int num) {
        return num < 10;
    }

}
```

该类提供了一个静态方法 lessThanTen(int num)，后续会用其来重写 Predicate<T>接口中的 test(T t)方法。

然后修改 main(String[] args)方法，代码如下。

```
public static void main(String[] args) {
    //省略其他代码
    assertThat(actual2).filteredOn(Filtertor::lessThanTen)
            .containsOnly(1, 0, 6);
}
```

以上代码通过方法引用重写 test(T t)方法，并实例化 Predicate<T>接口。

Stream<T>对象非常适合结合过滤方法来使用，为此修改 main(String[ ] args)方法，代码如下。

```
public static void main(String[] args) {
    //省略其他代码
    Stream<Integer> actual3 = Stream.of(1, 80, 0, 55, 12, 6);
    assertThat(actual3).filteredOn(Filtertor::lessThanTen)
            .containsOnly(1, 0, 6);
}
```

7.5 使用 Hamcrest 断言函数库

Hamcrest 最早只有 Java 版本，目前已经发展为支持 Java、Python、Ruby、Objective-C、PHP、Erlang 和 Swift 多种编程语言的断言函数库。本节仅对 Java 版本进行介绍，有兴趣的读者可自行了解其他语言版本的用法。

首先引入 Hamcrest 依赖包，代码如下。

```
<dependency>
    <groupId>org.hamcrest</groupId>
    <artifactId>hamcrest</artifactId>
    <version>2.2</version>
</dependency>
```

Hamcrest 中有个重要概念叫匹配器（Matcher<T>），匹配器相当于期望值，Hamcrest 是通过匹配器与实际值进行匹配产生的断言结果。

新增 HamcrestJAssertion 类，代码如下所示。

```
package com.lujiatao.c07;

import static com.lujiatao.c07.Calculator.add;
import static org.hamcrest.MatcherAssert.assertThat;
import static org.hamcrest.Matchers.equalTo;

public class HamcrestAssertion {

    public static void main(String[] args) {
        assertThat(add(1, 1), equalTo(2));
    }

}
```

可以看到 Hamcrest 的断言方式类似于 AssertJ，有着很高的可读性。

如果对 Hamcrest 内置匹配器不满意，可以自定义匹配器，这也是 Hamcrest 的强大之处。自定义匹配器需要直接或间接继承抽象类 BaseMatcher<T>。

新建 StringLengthLessThanTen 类，代码如下所示。

```
package com.lujiatao.c07;

import org.hamcrest.BaseMatcher;
import org.hamcrest.Description;
import org.hamcrest.Matcher;

public class StringLengthLessThanTen extends BaseMatcher<String> {

    @Override
    public boolean matches(Object actual) {
        if (actual instanceof String) {
            String str = String.valueOf(actual);
            return str.length() < 10;
        }
        return false;
    }

    @Override
    public void describeTo(Description description) {
        description.appendText("字符串长度小于10!");
    }

    public static Matcher<String> stringLengthLessThanTen() {
        return new StringLengthLessThanTen();
    }

}
```

继承 BaseMatcher<T>类后，需要实现 matches(Object actual)和 describeTo(Description description)方法，前者用于实现匹配逻辑，后者用于增加匹配失败时的提示信息。

修改 main(String[] args)方法，使用自定义的匹配器。

```
public static void main(String[] args) {
    assertThat(add(1, 1), equalTo(2));
    assertThat("Hello", stringLengthLessThanTen());
}
```

由于字符串“Hello”的长度为 5，因此执行 main(String[] args)方法后断言成功。

将字符串“Hello”改为“Hello World!”，重新执行 main(String[] args)方法，断言失败，控制台打印出了相应的提示信息，如图 7-5 所示。

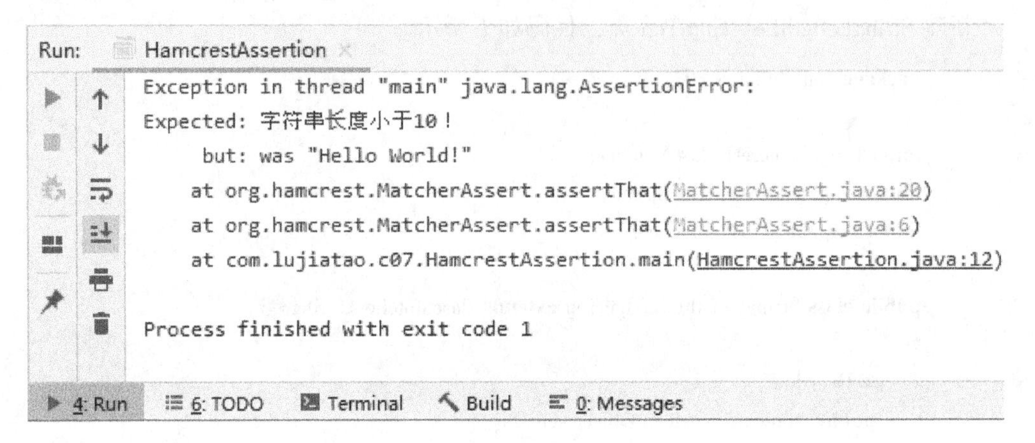

图 7-5 自定义匹配器的断言失败

第8章 测试报告

测试报告对于自动化测试的成果展示非常重要。本章首先介绍 TestNG 的测试报告，然后介绍两个第三方测试报告框架 Extent Reporting 和 Allure 的使用，最后介绍通过邮件发送测试报告。

8.1 TestNG 测试报告

8.1.1 内置测试报告

在使用 TestNG 内置测试报告之前，首先创建一个测试类 TestNGReport，在该类中新增 6 个测试方法，代码如下所示。

```
package com.lujiatao.c08;

import org.testng.annotations.Test;

import static org.testng.Assert.fail;

public class TestNGReport {

    @Test
    public void testCase_001() {
    }

    @Test
    public void testCase_002() {
    }

    @Test
    public void testCase_003() {
    }
```

```
        @Test
        public void testCase_004() {
            fail();
        }

        @Test
        public void testCase_005() {
            fail();
        }

        @Test(dependsOnMethods = "testCase_005")
        public void testCase_006() {
        }

    }
```

执行 TestNGReport 测试类，执行结果为 3 个测试用例成功、2 个测试用例失败、1 个测试用例跳过。从执行结果可以看出并没有生成测试报告，只是在控制台打印了测试结果，如图 8-1 所示。

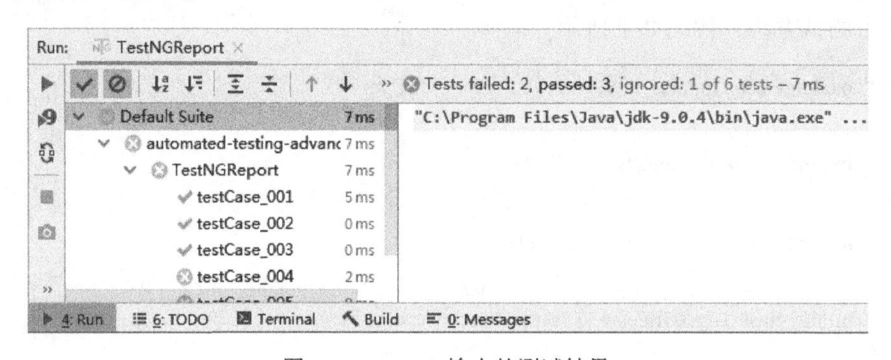

图 8-1 TestNG 输出的测试结果

以 IntelliJ IDEA 为例，为了使用 TestNG 的内置测试报告，可在 IntelliJ IDEA 的右上角单击"Edit Configurations..."进入配置页面，如图 8-2 所示。然后切换到"Listeners"标签，勾选"Use default reporters"，如图 8-3 所示。

重新执行 TestNGReport 测试类，执行后会在 chapter-08 模块的根目录生成 test-output 目录，其中包含了所有类型的测试报告（但不包含 EmailableReporter 监听器生成的测试报告）。

TestNG 的测试报告是通过测试报告监听器来生成的，其内置了 7 种测试报告监听器。以下以@Listeners 注解方式添加不同监听器来演示其生成的测试报告。另外，为了便于观察每种监听器生成的测试报告，需要将"Use default reporters"取消勾选。

7 种测试报告监听器如下。

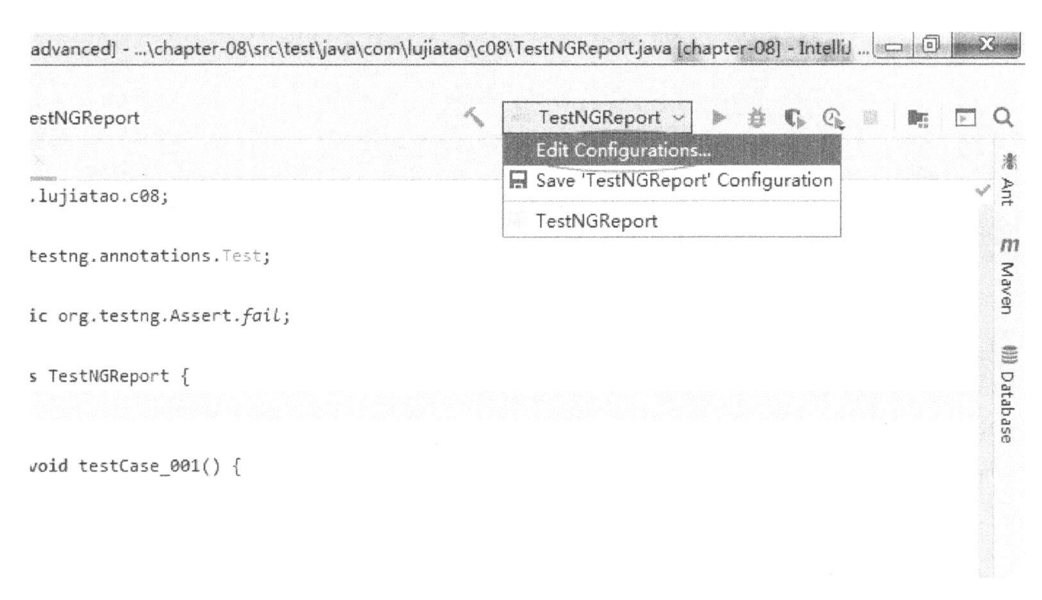

图 8-2　进入配置页面的入口

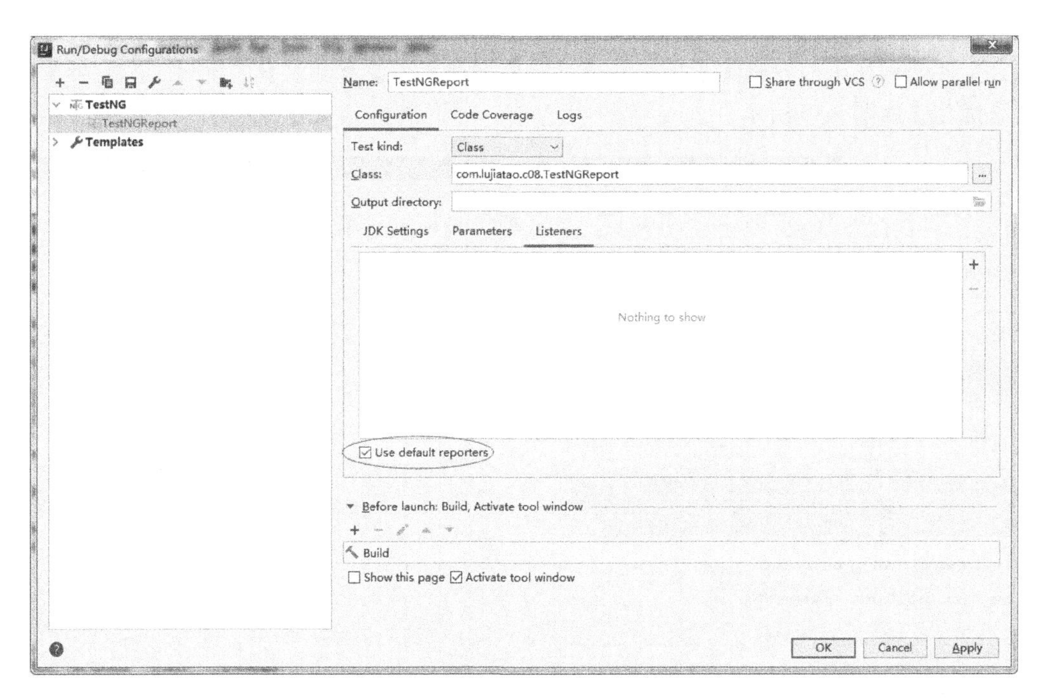

图 8-3　启用 TestNG 的默认测试报告

1）EmailableReporter：生成名为 emailable-report. html 的单页 HTML 测试报告，该测试报告方便使用邮件进行发送，如图 8-4 所示。整个测试报告分为总体概述、测试方法概述及测试方法详解 3 个部分，包含了成功、失败、跳过和耗时等信息。

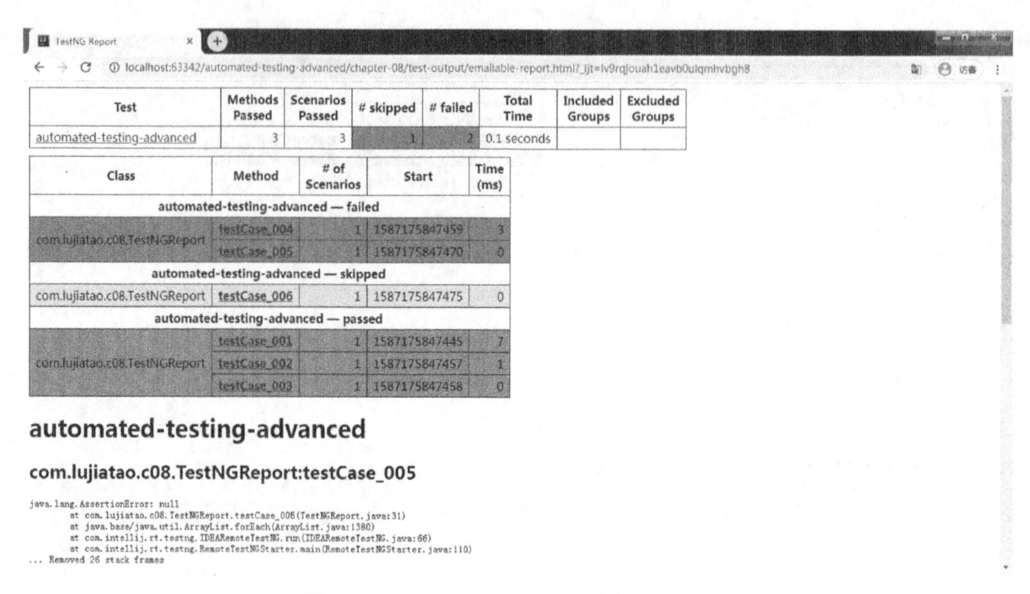

图 8-4　EmailableReporter 生成的测试报告

2）EmailableReporter2：EmailableReporter2 与 EmailableReporter 生成的测试报告类似，主要差别在于前者删除了场景的统计，但增加了重试和测试套的统计，并对界面进行了优化，如图 8-5 所示。

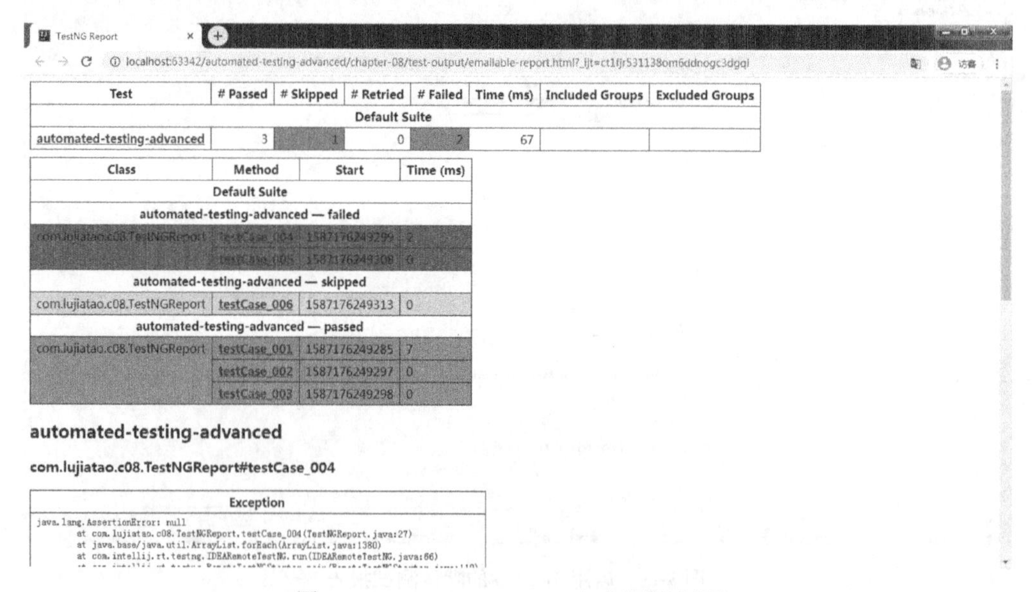

图 8-5　EmailableReporter2 生成的测试报告

由于 EmailableReporter2 是 EmailableReporter 的改进版，因此如果要生成单页 HTML 测试报告，建议使用 EmailableReporter2，而不是 EmailableReporter。

3）FailedReporter：用于生成 testng-failed.xml 文件，该文件包含了执行失败以及跳过的测试用例信息。

4）JUnitReportReporter：会在 test-output 目录生成一个 junitreports 目录，junitreports 目录中的 XML 文件用于与 JUnit 配合使用。

5）Main：用于生成非单页 HTML 测试报告文件，其生成的文件除了包含 HTML，还包含图片、JavaScript 和 CSS 文件，如图 8-6 所示。

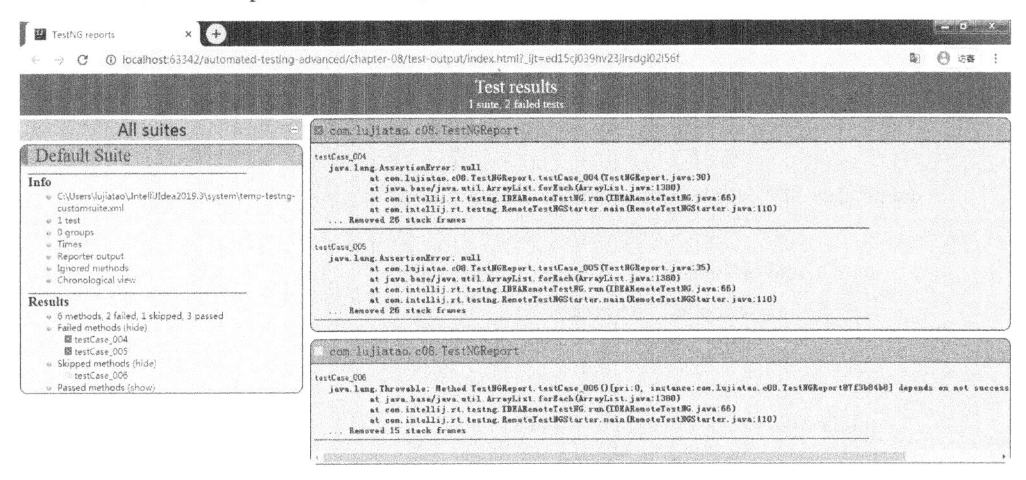

图 8-6　Main 生成的测试报告

该测试报告的信息比较全面，但它并不是单页文件，因此在配合邮件发送测试报告时，通常还是使用 EmailableReporter2 监听器生成的 emailable-report. html 文件。

6）SuiteHTMLReporter：生成老式的 HTML 测试报告，不推荐使用，如图 8-7 所示。

Test results

Suite	Passed	Failed	Skipped	testng.xml
Total	*3*	*2*	*1*	
Default Suite	3	2	1	Link

图 8-7　SuiteHTMLReporter 生成的测试报告

7）XMLReporter：生成 testng-results. xml 文件，用于保存 JUnit 测试报告中未呈现的 TestNG 特定信息。

TestNG 虽然支持多种内置测试报告，但它们无论从信息量还是美观度来说都显得不够。

8.1.2　自定义测试报告

自定义 TestNG 的测试报告是通过实现 ITestListener 或 IReporter 接口完成的。前者用于实时更新测试结果，即动态测试报告；后者用于汇总显示测试结果，即静态测试报告。

1. 自定义动态测试报告

新增 MyTestListener 类，该类实现了 ITestListener 接口，重写其中的 3 个方法，代码如下所示。

```
package com.lujiatao.c08;

import org.testng.ITestListener;
import org.testng.ITestResult;

public class MyTestListener implements ITestListener {

    public void onTestSuccess(ITestResult result) {
        System.out.print("+Success+");
    }

    public void onTestFailure(ITestResult result) {
        System.out.print("+Failure+");

    }

    public void onTestSkipped(ITestResult result) {
        System.out.print("+Skipped+");
    }

}
```

当测试用例执行成功、失败和跳过时，分别向控制台打印不同的字符串，这个过程是实时的。

将 TestNGReport 测试类@ Listeners 注解传参修改为 MyTestListener.class 即可使用该监听器，使用效果如图 8-8 所示。

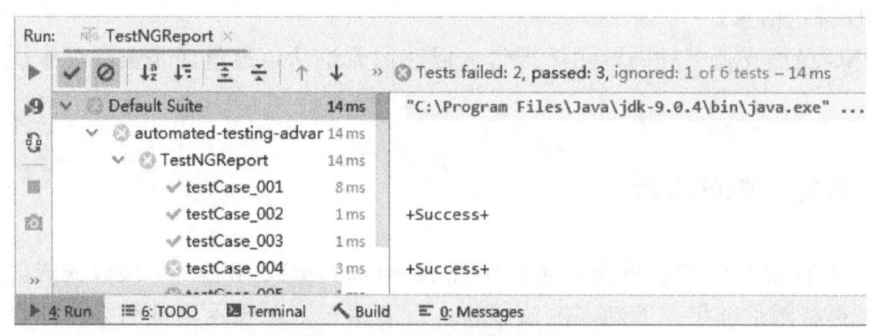

图 8-8　自定义动态测试报告

2. 自定义静态测试报告

由于不可能使用简短的代码就自定义出一个美观且内容丰富的测试报告，因此以下演示重在为您展示 TestNG 测试报告可自定义的强大能力。

新增一个实现了 IReporter 接口的类 MyReport，代码如下所示。

```
package com.lujiatao.c08;

import org.testng.IReporter;
import org.testng.ISuite;
import org.testng.ISuiteResult;
import org.testng.ITestContext;
import org.testng.xml.XmlSuite;

import java.io.File;
import java.io.IOException;
import java.io.PrintWriter;
import java.util.List;

import static java.nio.charset.StandardCharsets.UTF_8;
import static java.nio.file.Files.newBufferedWriter;

public class MyReporter implements IReporter {

    private PrintWriter writer;
    private int totalCount;
    private int passedCount;
    private int failedCount;
    private int skippedCount;

    public void generateReport(List<XmlSuite> xmlSuites, List<ISuite> suites, String outputDi-
rectory) {
        if (! new File(outputDirectory).mkdirs()) {
            throw new RuntimeException("创建测试报告目录失败!");
        }
        try {
            writer = new PrintWriter(newBufferedWriter(new File(outputDirectory, "my-re-
port.html").toPath(), UTF_8));
        } catch (IOException e) {
            throw new RuntimeException("创建测试报告文件失败!");
        }
```

```
        for (ISuite suite : suites) {
            for (ISuiteResult suiteResult : suite.getResults().values()) {
                ITestContext testContext = suiteResult.getTestContext();
                passedCount += testContext.getPassedTests().size();
                failedCount += testContext.getFailedTests().size();
                skippedCount += testContext.getSkippedTests().size();
            }
        }
        totalCount = passedCount + failedCount + skippedCount;
        writeBeforeBody();
        writeBody();
        writeAfterBody();
        writer.close();
    }

    private void writeBeforeBody() {
        writer.println("<! DOCTYPE html>");
        writer.println("<html lang=\"en\">");
        writer.println("<head>");
        writer.println("<style>");
        writer.println("h1 { text-align: center; }");
        writer.println("div { margin: 0 auto; width: 80%; }");
        writer.println("table { border: 2px solid; text-align: center; width: 100%; }");
        writer.println("th, td { border: 1px solid gray; }");
        writer.println("</style>");
        writer.println("<meta charset=\"UTF-8\">");
        writer.println("<title>TestNG 测试报告</title>");
        writer.println("</head>");
    }

    private void writeBody() {
        writer.println("<body>");
        writer.println("<h1>TestNG 测试报告</h1>");
        writer.println("<div>");
        writer.println("<table>");
        writer.println("<tr>");
        writer.println("<th>总数</th>");
        writer.println("<th>成功</th>");
        writer.println("<th>失败</th>");
        writer.println("<th>跳过</th>");
        writer.println("</tr>");
```

```
            writer.println("<tr>");
            writer.println("<td>" + totalCount + "</td>");
            writer.println("<td>" + passedCount + "</td>");
            writer.println("<td>" + failedCount + "</td>");
            writer.println("<td>" + skippedCount + "</td>");
            writer.println("</tr>");
            writer.println("</table>");
            writer.println("</div>");
            writer.println("</body>");
        }

        private void writeAfterBody() {
            writer.println("</html>");
        }

    }
```

MyReporter 类中重写了 generateReport(List<XmlSuite> xmlSuites, List<ISuite> suites, String outputDirectory)方法，并将生成测试报告分成了 3 步。

第 1 步：创建 PrintWriter。PrintWriter 对象用于向测试报告文件写入内容。

第 2 步：提取测试结果数据。通过遍历 List<ISuite>对象提取测试结果数据。

第 3 步：生成测试报告。使用 writeBeforeBody()、writeBody()和 writeAfterBody()3 个方法写入 HTML 的标签、样式和内容。

将 TestNGReport 测试类中@ Listeners 注解传参修改为 MyReporter.class，重新执行 TestNGReport 测试类，效果如图 8-9 所示。

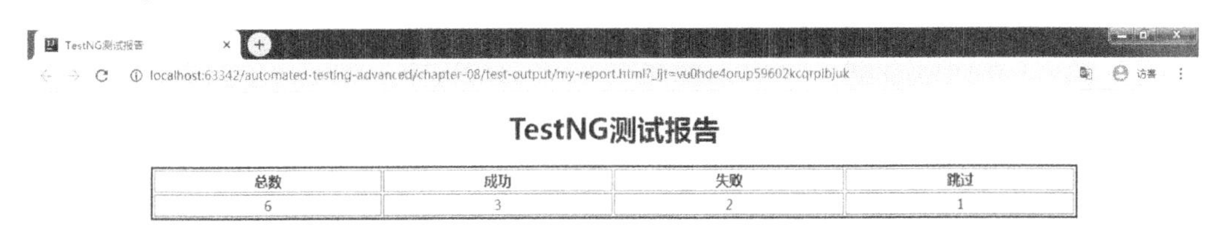

图 8-9　自定义静态测试报告

8.2　使用 Extent Reporting 框架

Extent Reporting 是一个测试报告框架，其分为专业版（Professional）和社区版（Community），专业版需要收费，而社区版为开源的，因此本节以社区版为例。

Extent Reporting 支持与 Java 和 .NET 编程语言配合使用。对于 Java 而言，其提供了与 TestNG 和 Cucumber 整合的能力。

8.2.1 本地测试报告

Extent Reporting 的 TestNG 适配器（以下简称适配器）的适配原理是实现 TestNG 的 ITestListener 或 IReporter 接口，其包括了 4 个实现类。

1）ExtentITestListenerAdapter：实现至 ITestListener，在测试方法级别构建动态测试报告。

2）ExtentITestListenerClassAdapter：实现至 ITestListener，在测试类和测试方法级别构建动态测试报告。

3）ExtentIReporterSuiteListenerAdapter：实现至 IReporter，在测试套和测试方法级别构建静态测试报告。

4）ExtentIReporterSuiteClassListenerAdapter：实现至 IReporter，在测试套、测试类和测试方法级别构建静态测试报告。该监听器生成的测试报告信息最为丰富。

要使用适配器，首先引入依赖包：

```
<dependency>
    <groupId>com. aventstack</groupId>
    <artifactId>extentreports-testng-adapter</artifactId>
    <version>1. 0. 6</version>
</dependency>
```

然后添加报告者（Reporter），添加方法是在类路径添加 extent. properties 文件，这里笔者将 extent. properties 文件添加在了 chapter-08 模块的/src/java/resources 路径，文件内容如下所示。

```
extent. reporter. html. start = true
extent. reporter. html. out = test-output/ExtentReportHTML. html
```

适配器支持多种报告者，每种报告者都有单独的配置，以上 extent. properties 文件是以 ExtentHtmlReporter 为例进行的配置，各配置解释如下。

- extent. reporter. html. start：是否启用 HTML 报告者。
- extent. reporter. html. out：HTML 报告者生成的测试报告文件路径及文件名。一些报告者生成的测试报告文件有多个，因此这些报告者只配置文件路径即可。另外，Klov 报告者由于不在磁盘生成文件，因此不需要该配置。

另外一个配置项未出现在上述示例文件中，即

- extent. reporter. html. config：HTML 报告者的配置文件。除了 Klov 报告者的配置文件格式为 Properties，其他报告者的均为 XML 格式。

除了 ExtentHtmlReporter 外，Extent Reporting 还支持 ExtentAventReporter、ExtentCardsReporter、ExtentBDDReporter、ExtentEmailReporter、ExtentKlovReporter、ExtentLoggerReporter、ExtentSparkReporter 和 ExtentTabularReporter 共 8 种报告者。

将 TestNGReport 测试类@ Listeners 注解传参修改为 ExtentIReporterSuiteClassListenerAdapter. class 即可使用该监听器，使用效果如图 8-10 所示。

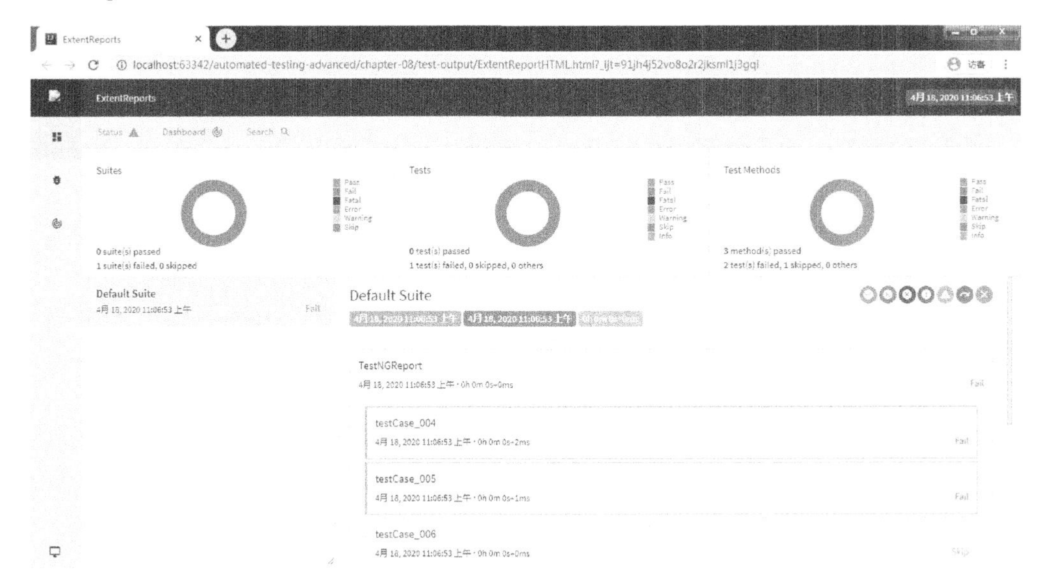

图 8-10　本地测试报告

可以看到 Extent Reporting 生成的测试报告非常美观，且信息量也很大。

您可能发现测试报告的左上角 Logo 没有加载成功，这是因为 Extent Reporting 使用了国外的 CDN，加载 Logo 超时了。可通过修改 Extent Reporting 的源码来修复该问题，此处不做演示。

以上是通过 extent. properties 文件添加报告者，也可以直接使用代码添加报告者，为此修改 TestNGReport 测试类，新增以下代码。

```
static{
    System.setProperty("extent.reporter.html.start", "true");
    System.setProperty("extent.reporter.html.out",
"test-output/ExtentReportHTML.html");
}
```

删除 extent. properties 文件，重新执行 TestNGReport 测试类，执行后生成的测试报告与图 8-10 一致。

以上只演示了 ExtentIReporterSuiteClassListenerAdapter 监听器的使用，其他 3 个监听器的使用读者可自行试验。

8.2.2　测试报告服务器

为了观察测试结果趋势以便更好地进行测试策略调整或者需要出具一定时间段的测

试度量数据，需要将每次的测试结果保存下来，为此需要使用测试报告服务器。在 Extent Reporting 中，Klov 是其测试报告服务器。

1. 搭建 Klov 服务器

笔者使用本地 Windows 7 操作系统的计算机作为 Klov 服务器。

首先下载 Klov，下载地址为：https://github.com/extent-framework/klov-server/tree/master/0.2.8。

下载后应包含 klov-0.2.8.jar、application.properties 和 simplelogger.properties 3 个文件，笔者将它们下载到了 E 盘根目录，读者可根据自身情况选择放置的路径。

然后安装 MongoDB 服务器，MongoDB 服务器分企业版（Enterprise）和社区版（Community），由于企业版需要收费，因此建议使用社区版，其下载地址为：https://www.mongodb.com/download-center/community。

下载后根据向导安装即可。但需要注意的是，安装向导默认勾选了"Install MongoDB Compass"，建议取消勾选，否则可能无法安装成功（即一直停留在安装界面）。如果读者需要使用 MongoDB Compass，可单独下载安装。

接下来在 application.properties 配置文件中新增以下配置。

```
spring.autoconfigure.exclude = org.springframework.boot.autoconfigure.session.SessionAutoConfiguration
```

如果不新增以上配置，则 Klov 服务器还需要依赖 Redis。

最后执行"java -jar E:\klov-0.2.8.jar"命令启动 Klov 服务器。

访问 http://localhost/，使用默认账号（klovadmin）和密码（password）即可登录成功。

2. 使用 Klov 服务器

修改 TestNGReport 测试类的 static 代码块，以便将测试数据写进 Klov 服务器。

```
static{
    Date date = new Date();
    String str = "-yyyMMddHHmmss";
    SimpleDateFormat simpleDateFormat = new SimpleDateFormat(str);
    ExtentKlovReporter klov = new ExtentKlovReporter("TestNGReport", "ExtentReportKlov" + simpleDateFormat.format(date));
    klov.initMongoDbConnection("localhost");
    klov.initKlovServerConnection("http://localhost/");
    new ExtentReports().attachReporter(klov);
}
```

上述代码将项目名称设置为 TestNGReport，构建名称设置为 ExtentReportKlov-yyyM-

MddHHmmss 的形式，避免了构建名称的重复。

重新执行 TestNGReport 测试类，执行完成后刷新 Klov 服务器的页面便可查看到测试结果，如图 8-11 所示。

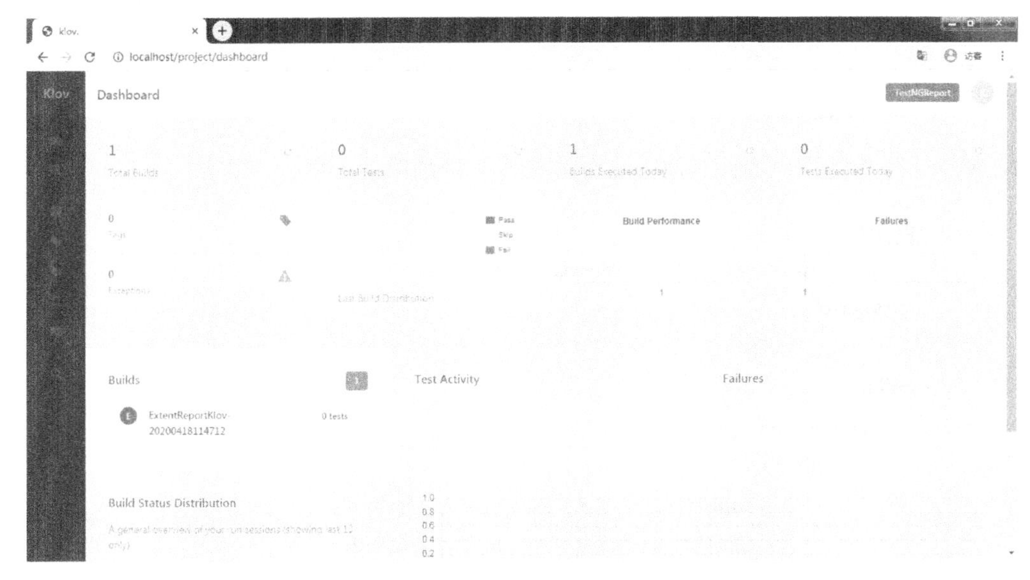

图 8-11　远程测试报告

8.3　使用 Allure 框架

Allure 是一个著名的开源测试报告框架。在 GitHub 上，Allure 的 Star 超过了 2000 个。Allure 生成测试报告分为两步。

第一步，收集测试结果数据：Allure 适配器保存测试执行信息到 XML 文件中。其适配器支持与 Java、Python、JavaScript、Ruby、Groovy、PHP、.NET 和 Scala 语言中流行的测试框架集成。对于 Java 而言，Allure 可与 JUnit 4、JUnit 5、TestNG、Cucumber JVM 和 Selenide 集成。

第二步，生成测试报告：通过命令行工具、CI 插件或构建工具将 XML 文件转换为 HTML 测试报告。

8.3.1　收集测试结果数据

首先配置测试数据放置的目录，为此在/src/java/resources 目录下新增 allure.properties 文件，文件内容如下所示。

```
allure.results.directory=target/allure-results
```

然后引入依赖包，代码如下。

```
<dependency>
    <groupId>io. qameta. allure</groupId>
    <artifactId>allure-testng</artifactId>
    <version>2. 13. 2</version>
</dependency>
```

接下来配置插件，为此修改 pom. xml 文件，增加以下内容。

```
<properties>
    <aspectj. version>1. 9. 5</aspectj. version>
</properties>

<build>
    <plugins>
        <plugin>
            <groupId>org. apache. maven. plugins</groupId>
            <artifactId>maven-surefire-plugin</artifactId>
            <version>2. 22. 2</version>
            <configuration>
                <argLine>
                        -javaagent:"${settings. localRepository}/org/aspectj/aspectjweaver/$
{aspectj. version}/aspectjweaver-${aspectj. version}. jar"
                </argLine>
            </configuration>
            <dependencies>
                <dependency>
                    <groupId>org. aspectj</groupId>
                    <artifactId>aspectjweaver</artifactId>
                    <version>${aspectj. version} </version>
                </dependency>
            </dependencies>
        </plugin>
    </plugins>
</build>
```

以上配置使用了 Maven 的测试执行插件 Maven Surefire Plugin，并使用了 AspectJ Weaver 作为 AOP 的支持。

重新执行 TestNGReport 测试类，执行完成后，测试结果数据生成到了/chapter-08/target/allure-results 路径。

8.3.2　使用命令行工具生成测试报告

命令行工具支持 Windows、Linux 和 macOS 多种操作系统，并支持多种安装方式。但在安装之前需确保计算机上已经安装了 JRE。

笔者采用手动安装的方式安装命令行工具。首先下载命令行工具的 ZIP 压缩包，下载地址为：https://repo.maven.apache.org/maven2/io/qameta/allure/allure-commandline/2.13.2/。然后解压到 D:\Program Files 目录，读者可根据自身情况选择解压的路径。最后在系统 Path 变量中追加以下路径：D:\Program Files\allure-2.13.2\bin。

打开 CMD 命令行窗口，执行“allure --version”命令，回显 2.13.2 说明安装成功。

在 IDE 的 Terminal 中执行以下命令生成并打开测试报告，测试报告如图 8-12 所示。

```
allure serve chapter-08\target\allure-results
```

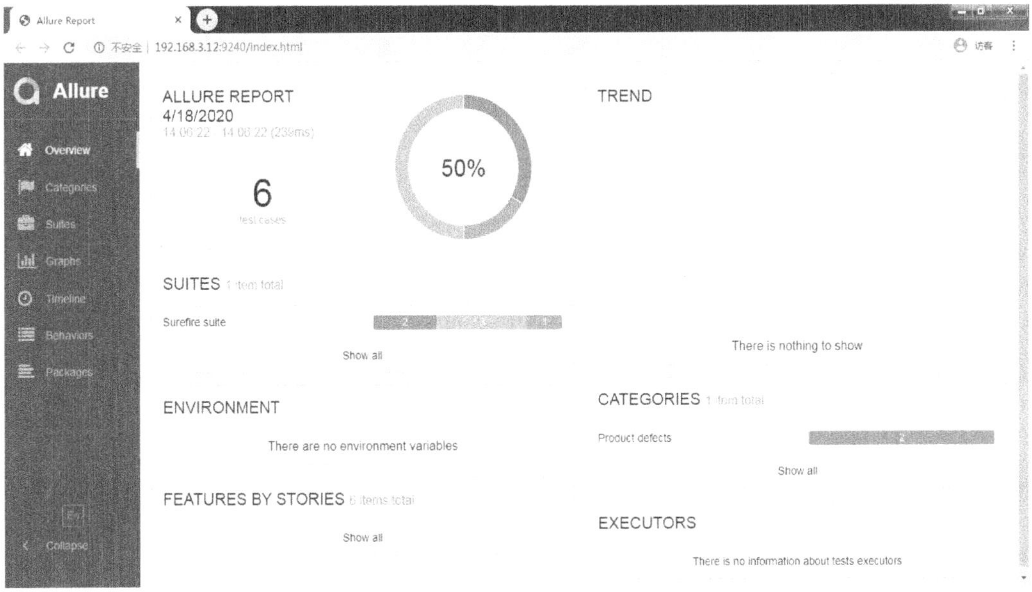

图 8-12　Allure 测试报告

使用以上命令行生成并打开测试报告时，Allure 会默认使用 Jetty 作为服务器，并使用默认浏览器打开测试报告。

测试报告默认为英文，可单击左下角切换按钮切换为中文，如图 8-13 所示。

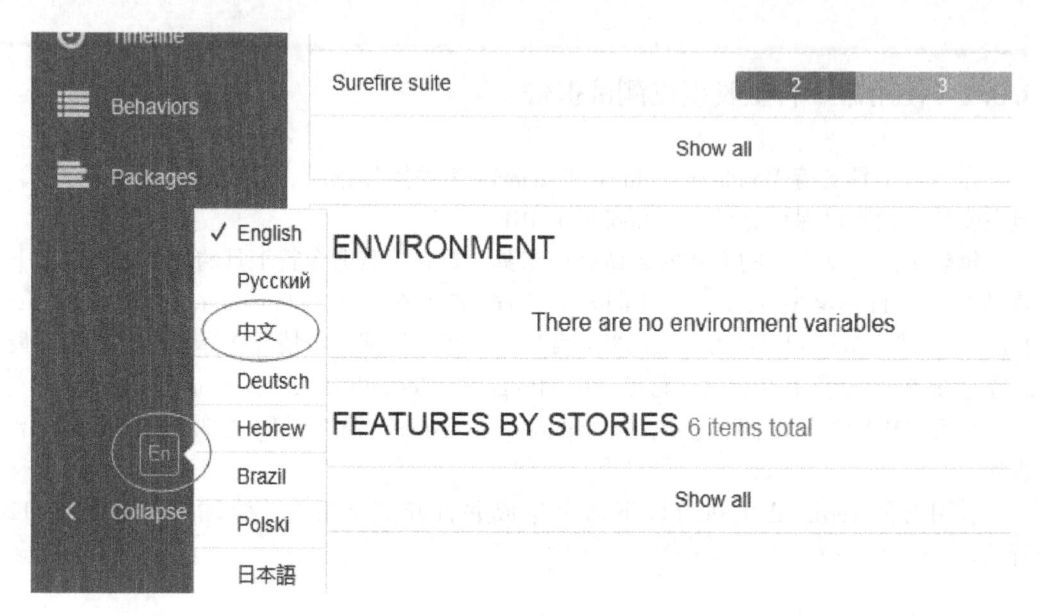

图 8-13　切换 Allure 测试报告的语言

8.3.3　使用 Maven 插件生成测试报告

除了使用命令行工具，还可以直接使用 Maven 插件来生成测试报告。

首先引入插件依赖，代码如下。

```
<plugin>
    <groupId>io.qameta.allure</groupId>
    <artifactId>allure-maven</artifactId>
    <version>2.10.0</version>
</plugin>
```

然后在 IDE 的 Terminal 中执行以下命令生成并打开测试报告。

```
mvn allure:serve -pl chapter-08
```

测试报告与图 8-12 类似，只是右下角执行者（Executor）增加了“Maven”标识，如图 8-14 所示。

观察项目目录，会发现 chapter-08 模块的根目录增加了一个 .allure 目录，目录中就是命令行工具，这是执行以上命令后自动下载的。因此使用 Maven 插件生成测试报告其底层实现也是调用了命令行工具。

另外 Allure 常常使用 CI 插件与 CI 工具集成以生成测试报告，有关这部分内容请参见“11.3.3 集成第三方测试报告”。

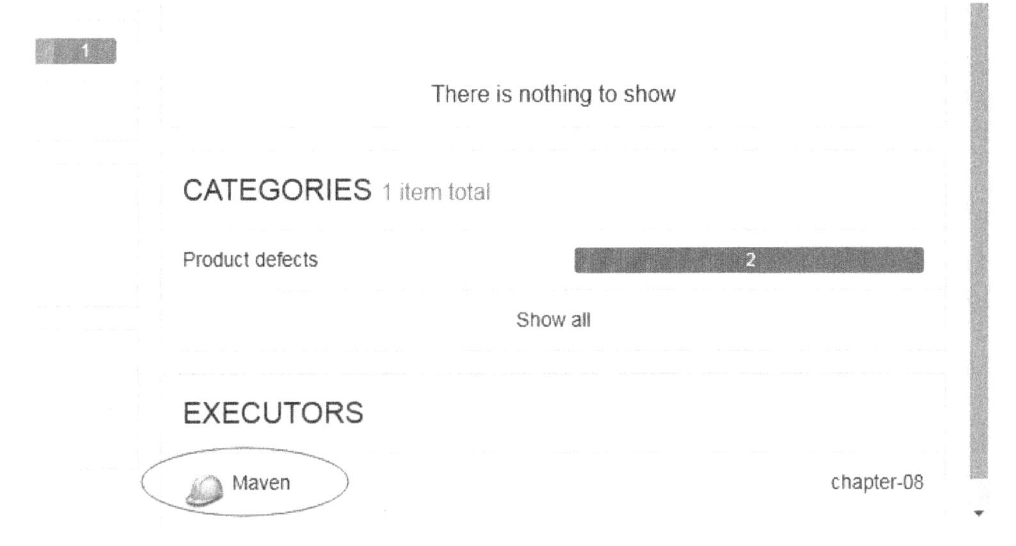

图 8-14　Allure 测试报告的执行者

8.4　使用邮件发送测试报告

为了更好地展示测试成果，仅仅测试人员自己查看测试报告显然是不够的，最好能通过邮件的形式发送测试报告给项目组相关负责人。

8.4.1　实现邮件发送客户端

在使用邮件发送测试报告之前，先实现一个邮件发送客户端用于配合邮件的发送。首先引入 Jakarta Mail 依赖包，代码如下。

```
<dependency>
    <groupId>com.sun.mail</groupId>
    <artifactId>jakarta.mail</artifactId>
    <version>1.6.5</version>
</dependency>
```

Jakarta Mail 依赖包中提供了邮件发送 API，可帮助我们使用 Java 发送电子邮件。新增邮件发送客户端类 SendEmailClient，代码如下所示。

```
package com.lujiatao.c08;

import javax.mail.*;
import javax.mail.internet.InternetAddress;
```

```
import javax.mail.internet.MimeMessage;
import java.io.File;
import java.io.FileReader;
import java.io.IOException;
import java.util.Properties;

public class SendEmailClient {

    private Session session;

    public static class SendEmailClientBuilder {

        private String serverHost = "smtp.qq.com";
        private int serverPort = 465;
        private String serverUsername = "yourqq@qq.com";
        private String serverPassword = "yourpassword";
        private boolean useSsl = true;
        private Session session;

        public SendEmailClientBuilder serverHost(String serverHost) {
            this.serverHost = serverHost;
            return this;
        }

        public SendEmailClientBuilder serverPort(int serverPort) {
            this.serverPort = serverPort;
            return this;
        }

        public SendEmailClientBuilder serverUsername(String serverUsername) {
            this.serverUsername = serverUsername;
            return this;
        }

        public SendEmailClientBuilder serverPassword(String serverPassword) {
            this.serverPassword = serverPassword;
            return this;
        }

        public SendEmailClientBuilder useSsl(boolean useSsl) {
            this.useSsl = useSsl;
            return this;
        }
```

```
        public SendEmailClient build() {
            Properties properties = System.getProperties();
            properties.setProperty("mail.smtp.host", serverHost);
            properties.setProperty("mail.smtp.port", String.valueOf(serverPort));
            if (useSsl) {
                properties.put("mail.smtp.ssl.enable", "true");
            }
            properties.put("mail.smtp.auth", "true");
            session = Session.getDefaultInstance(properties, new Authenticator() {

                @Override
                protected PasswordAuthentication getPasswordAuthentication() {
                    return new PasswordAuthentication(serverUsername, serverPassword);
                }

            });
            return new SendEmailClient(this);
        }

    }

    private SendEmailClient(SendEmailClientBuilder sendEmailClientBuilder) {
        session = sendEmailClientBuilder.session;
    }

    public void sendHTMLEmail(String from, String to, String subject, String htmlPath) throws
MessagingException {
        Message message = new MimeMessage(session);
        message.setFrom(new InternetAddress(from));
        message.addRecipient(Message.RecipientType.TO, new InternetAddress(to));
        message.setSubject(subject);
        message.setContent(readFile(new File(htmlPath)), "text/html;charset=utf-8");
        Transport.send(message);
    }

    private String readFile(File file) {
        try (FileReader fileReader = new FileReader(file)) {
            char[] chars = new char[1024];
            StringBuilder stringBuilder = new StringBuilder();
            while (fileReader.read(chars) != -1) {
                for (char tmp : chars) {
                    stringBuilder.append(tmp);
                }
```

```
            }
            return stringBuilder.toString();
        } catch (IOException e) {
            return "";
        }
    }

}
```

以上代码使用建造者模式构建了一个 SendEmailClient 对象，其持有一个 Session 对象。sendHTMLEmail(String from, String to, String subject, String htmlPath)方法用于发送电子邮件，String readFile(File file)方法用于读取文件并以字符串形式返回文件内容。serverHost、serverPort、serverUsername、serverPassword 和 useSsl 属性的默认值也可外部化到配置文件中，此处出于简便考虑直接硬编码在了代码中。

请注意这里使用 QQ 的 SMTP 服务器作为邮件发送服务器，其中的 serverPassword 属性值应该是授权码，而不是 QQ 密码，关于如何获取授权码，请参见腾讯官方文档，详见：https://service.mail.qq.com/cgi-bin/help?subtype=1&id=28&no=1001256。

8.4.2 发送测试报告

发送测试报告需要用到 8.4.1 节创建的 SendEmailClient 类，为此修改 MyReporter 的 generateReport(List<XmlSuite> xmlSuites, List<ISuite> suites, String outputDirectory)方法，新增代码如下所示。

```
public voidgenerateReport (List < XmlSuite > xmlSuites, List < ISuite > suites, String outputDirectory) {
    //省略其他代码
    SendEmailClient sendEmailClient = new
SendEmailClient.SendEmailClientBuilder().build();
    Date date = new Date();
    String str = "-yyyMMddHHmmss";
    SimpleDateFormat simpleDateFormat = new SimpleDateFormat(str);
    try {
        Thread.sleep(3000);
        sendEmailClient.sendHTMLEmail("yourqq@qq.com", "yourqq@qq.com",
"TestNG测试报告" + simpleDateFormat.format(date), "test-output/my-report.html");
    } catch (InterruptedException | MessagingException e) {
        e.printStackTrace();
    }
}
```

以上代码在生成报告 3 s 后调用发送邮件的方法发送测试报告。

新增测试类 SendReport 用于生成测试报告，代码如下所示。

```
package com.lujiatao.c08;

import org.testng.annotations.Listeners;
import org.testng.annotations.Test;

@Listeners(MyReporter.class)
public class SendReport {

    @Test
    public void testCase_001() {
    }

}
```

执行 SendReport 测试类，执行后自动发送测试报告到指定的邮箱，如图 8-15 所示。

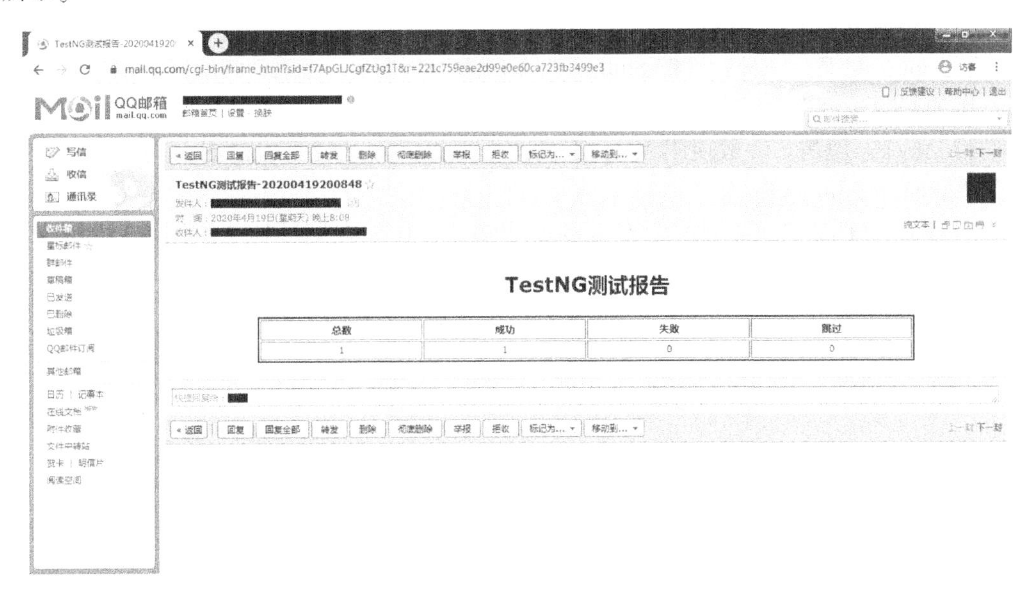

图 8-15　邮件收到的测试报告

一般使用 CI 工具自带的邮件通知功能更为方便，有关这部分内容请参见 11.3.1 节。

第9章　测试替身

9.1　测试替身简介

测试替身（Test Double）指出于测试目的而代替真实对象的替身对象。测试替身分为5类。

1）Dummy：虚拟。作为参数传递但不使用的虚拟对象，该虚拟对象没有任何实现，仅提供“占位”的作用。

2）Stub：桩。提供最小实现，即不提供返回值（无返回值的场景）或提供硬编码的返回值（有返回值的场景）。

3）Spy：间谍。一种特殊的Stub。它除了响应调用外，还记录调用信息以供后续使用，比如判断是否真正调用了间谍对象。

4）Mock：模仿。一般使用Mock工具或框架提供测试替身，根据不同的配置可表现为Dummy、Stub或Spy。

5）Fake：伪装者。提供真实对象的便捷实现，比如在测试环境使用H2数据库的内存模式替代生产环境的MySQL数据库。

9.2　准备

本章的9.3~9.6.1节以及9.7节为单元测试内容，这部分使用本节规划的示例应用程序；9.6.2节和9.6.3节为接口测试内容，这部分仍然使用IMS作为示例应用程序。

9.2.1　Java EE应用程序分层模型

了解了Java EE应用程序分层模型后才能更好地理解9.2.2节的示例应用程序，该分层模型如图9-1所示。

1）View：表示层，直接与用户交互。在Web应用程序中，表示层由HTML、CSS和JavaScript及其框架来实现，常用的框架有jQuery、Vue.js、React、Bootstrap和Angular等。

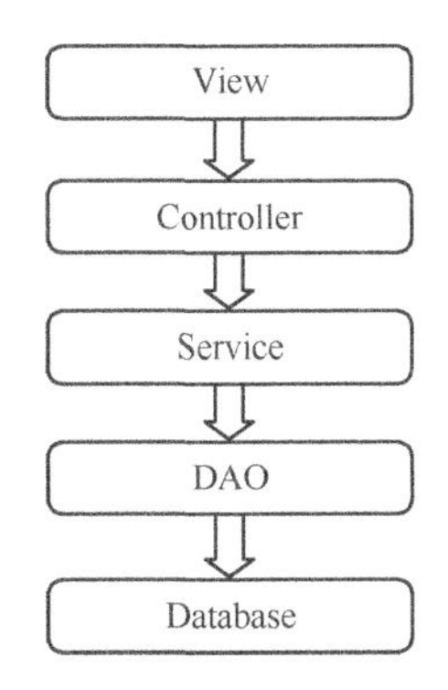

图 9-1　Java EE 应用程序分层模型

2）Controller：控制器层，接收表示层的请求并转发给业务逻辑层。在 Web 应用程序中，表示层一般结合 Spring MVC 或 Struts 等框架来实现。

3）Service：业务逻辑层，实现业务逻辑。通常定义一个 Service 接口，然后由对应的 ServiceImpl 实现类来实现该接口。在 Web 应用程序中，业务逻辑层一般结合 Spring 框架来实现。

4）DAO（Data Access Object，数据访问对象）：数据访问层，用于数据访问。在 Web 应用程序中，数据访问层一般结合 Spring Data JPA、MyBatis 或 Hibernate 等 ORM（Object Relational Mapping，对象关系映射）框架来实现。

5）Database：持久化层，对数据进行持久化。持久化层由 MySQL、SQL Server 或 Oracle 等数据库来承担。

以上分层模型中各层之间数据的交互一般会使用以下几种数据封装。

1）VO（View Object，视图对象）：用于表示层与控制器层之间传递数据。VO 对应前端展示的数据。

2）BO（Business Object，业务对象）：针对业务场景封装的对象，该对象可以包含其他对象。

3）DTO（Data Transfer Object，数据传输对象）：用于控制器层与业务逻辑层之间传递数据。如果是 API 服务器（即无表示层和控制器层），那么 DTO 用于直接对外提供数据。

4）PO（Persistent Object，持久化对象）：用于对象与数据库表的映射，一个 PO 对象代表数据库表的一条记录，PO 对象的属性代表数据库表的字段。

9.2.2　规划示例应用程序

本节的目的不是完整实现示例应用程序，而只是规划如何实现，本章后续各节会逐步实现该应用程序。

示例应用程序未使用任何框架，但遵循了 Java EE 应用程序的分层模型（但不包括表示层），如图 9-2 所示。

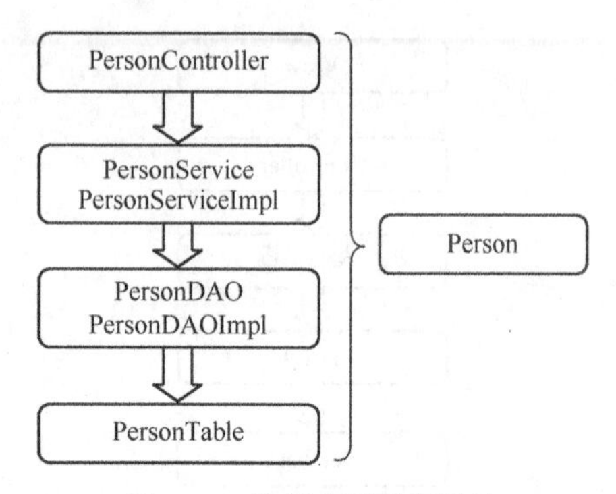

图 9-2　示例应用程序结构

1）PersonController：控制器层。

2）PersonService 和 PersonServiceImpl：业务逻辑层接口及其实现。

3）PersonDAO 和 PersonDAOImpl：DAO 层接口及其实现，如果使用了 ORM 框架，那么 PersonDAOImpl 由 ORM 框架实现。

4）PersonTable：持久化层，作为数据库的测试替身。

5）Person：由于示例应用程序很简单，因此 Person 用于充当 VO、BO、DTO 和 PO 等多个角色。

9.3　使用 Dummy

将第 7 章中创建的 Person 类复制到 chapter-09 模块中，另外创建一个 PersonService 接口用于提供对 Person 进行增、删、改、查的服务，代码如下所示。

```
package com.lujiatao.c09;

import java.util.List;

public interface PersonService {

    List<Person> getAllPersons();

    Person getPerson(String idCard);

    boolean addPerson(Person person);

    boolean modifyPerson(Person person);

    boolean delPerson(String idCard);

}
```

新增 PersonController 类，其作为服务调用者来调用 PersonService 接口提供的服务，代码如下所示。

```java
package com.lujiatao.c09;

import java.util.List;

public class PersonController {

    private static int instanceCount;
    private PersonService personService;

    public PersonController(PersonService personService) {
        if (personService == null) {
            throw new IllegalArgumentException("PersonService 为空!");
        }
        this.personService = personService;
        instanceCount++;
    }

    public static int getInstanceCount() {
        return instanceCount;
    }

    public List<Person> getAllPersons() {
        List<Person> persons = personService.getAllPersons();
        if (persons == null) {
            throw new RuntimeException("无 Person!");
        }
        return persons;
    }

    public Person getPerson(String idCard) {
        Person person = personService.getPerson(idCard);
        if (person == null) {
            throw new RuntimeException("无 Person!");
        }
        return person;
    }

    public boolean addPerson(Person person) {
        return personService.addPerson(person);
```

```
    }

    public boolean modifyPerson(Person person) {
        return personService.modifyPerson(person);
    }

    public boolean delPerson(String idCard) {
        return personService.delPerson(idCard);
    }

}
```

然而现在的问题是 PersonService 接口并没有实现类可供 PersonController 类调用，如果此时要对 PersonController 类的 getInstanceCount( ) 方法进行单元测试，那么它的返回值永远是 0。

由于测试 getInstanceCount( ) 方法并不关心 PersonService 接口的内部实现逻辑，只需要 PersonService 类型的对象作为构造函数的参数来实例化 PersonController 类即可，因此符合使用 Dummy 的条件，此处提供一个 PersonService 接口的空实现 PersonServiceImpl 类，代码如下所示。

```
package com.lujiatao.c09;

import java.util.List;

public class PersonServiceImpl implements PersonService {

    @Override
    public List<Person> getAllPersons() {
        return null;
    }

    @Override
    public Person getPerson(String idCard) {
        return null;
    }

    @Override
    public boolean addPerson(Person person) {
        return false;
    }
```

```
    @Override
    public boolean modifyPerson(Person person) {
        return false;
    }

    @Override
    public boolean delPerson(String idCard) {
        return false;
    }

}
```

接下来使用这个实现类来实例化 PersonController 便可测试 getInstanceCount()方法了，为此新增 PersonControllerTest 测试类，代码如下所示。

```
package com.lujiatao.c09;

import org.junit.jupiter.api.Test;

import static com.lujiatao.c09.PersonController.getInstanceCount;
import static org.testng.Assert.assertEquals;

public class PersonControllerTest {

    @Test
    public void testCase_001() {
        assertEquals(getInstanceCount(), 0);
        new PersonController(new PersonServiceImpl());
        assertEquals(getInstanceCount(), 1);
    }

}
```

执行 PersonControllerTest 测试类，断言成功。以上 PersonServiceImpl 类扮演了 Dummy 角色。

9.4　使用 Stub

继续使用 PersonServiceImpl 类对 PersonController 类的其他方法进行单元测试，比如 getAllPersons()方法，由于 PersonServiceImpl 采用了空实现，返回值将永远是 null，导

致 getAllPersons( )方法抛出异常。

为了让 PersonController 类的 getAllPersons( )方法不抛出异常，需要将 PersonServiceImpl 类中的 getAllPersons( )方法实现为 Stub，代码如下所示。

```
@Override
public List<Person> getAllPersons() {
    return new ArrayList<>();
}
```

此时新增 testCase_002( )测试方法，对 PersonController 类的 getAllPersons( )方法进行单元测试，代码如下所示。

```
@Test
public void testCase_002() {
    PersonController personController = new PersonController(new PersonServiceImpl());
    assertEquals(personController.getAllPersons().size(), 0);
}
```

执行 testCase_002( )测试方法，断言成功。以上 PersonServiceImpl 类扮演了 Stub 角色。

9.5 使用 Spy

由于使用了测试替身来代替真实的 PersonService 类实现，那么如何证明单元测试的代码真正调用了测试替身呢？可将 Stub 进行改良，加入记录调用信息的代码供后续使用，改良后的 Stub 就是本节的 Spy。为此修改 PersonServiceImpl 类中的 getAllPersons( )方法，并增加 getCount( )方法获取其调用次数，代码如下所示。

```
//省略 package 和 import 语句

public class PersonServiceImpl implements PersonService {

    private static int count;

    public static int getCount() {
        return count;
    }

    @Override
    public List<Person> getAllPersons() {
        count++;
```

```
            return new ArrayList<>();
        }

        //省略其他代码

    }
```

新增 testCase_003()测试方法，对 PersonController 类的 getAllPersons()方法进行单元测试，并验证其调用次数以证实对测试替身进行了调用，代码如下所示。

```
    @Test
    public void testCase_003() {
        PersonController personController = new PersonController(new PersonServiceImpl());
        assertEquals(getCount(), 0);
        assertEquals(personController.getAllPersons().size(), 0);
        assertEquals(getCount(), 1);
    }
```

执行 testCase_003()测试方法，断言成功。以上 PersonServiceImpl 类扮演了 Spy 角色。

9.6 使用 Mock

9.6.1 单元测试的 Mock

有很多适合单元测试的 Mock 测试框架，如 EasyMock、Mockito、PowerMock 和 JMockit 等。其中最流行的当属 Mockito，因此本节将使用 Mockito 来介绍单元测试的 Mock。

使用 Mockito 之前需引入 Mockito Core 依赖，代码如下。

```
    <dependency>
        <groupId>org.mockito</groupId>
        <artifactId>mockito-core</artifactId>
        <version>2.23.4</version>
    </dependency>
```

使用 Mockito 有两种方式，即基于注解和基于 API，以下将分别介绍。

1. 基于注解

在 PersonControllerTest 测试类中新增以下代码。

```
@ InjectMocks
private PersonController personController;
@ Mock
private PersonService personService;

@ Test
public void testCase_004( ) {
    assertEquals( getInstanceCount( ), 0);
    initMocks( this);
    assertEquals( getInstanceCount( ), 1);
    new PersonController( personService);
    assertEquals( getInstanceCount( ), 2);
}
```

上述代码中@ Mock 注解用于 Mock 一个对象，@ InjectMocks 注解用于自动注入被@ Mock 或@ Spy 注解修饰的字段。而 initMocks(Object testClass)方法用于初始化带 Mockito 注释的对象。这里 Mockito 扮演的角色是 Dummy，因为只是 Mock 了 PersonService，但未使用它。

如何使 Mockito 扮演 Stub 角色呢？很简单，只需要使用 *when*(T methodCall)和 thenReturn(T value) 方法硬编码返回值即可。为此新增测试方法 testCase_005，代码如下所示。

```
@ Test
public void testCase_005( ) {
    initMocks( this);
    when( personService. getAllPersons( ) ). thenReturn( new ArrayList<>( ) );
    assertEquals( personController. getAllPersons( ). size( ), 0);
}
```

既然 Mockito 提供了现成的 API 来实现 Stub，是否也同样可以轻松实现 Spy 呢？当然是可以的，使用 verify(T mock)或 verify(T mock, VerificationMode mode)方法添加验证即可实现 Spy 的功能。为此新增测试方法 testCase_006，代码如下所示。

```
@ Test
public void testCase_006( ) {
    initMocks( this);
    when( personService. getAllPersons( ) ). thenReturn( new ArrayList<>( ) );
    verify( personService, times(0) ). getAllPersons( );
    assertEquals( personController. getAllPersons( ). size( ), 0);
    verify( personService). getAllPersons( );
}
```

以上代码中，times(int wantedNumberOfInvocations)方法用于校验调用次数，只有一个参数的 verify(T mock)方法默认校验的调用次数为 1。

2. 基于 API

以上使用 Mockito 都采用了 Java 注解的形式，也可以直接使用 Java API 来 Mock 对象，新增 testCase_007()测试方法，实现与 testCase_004()一样的功能，代码如下所示。

```
@Test
public void testCase_007() {
    PersonService personService = mock(PersonService.class);
    assertEquals(getInstanceCount(), 0);
    new PersonController(personService);
    assertEquals(getInstanceCount(), 1);
    new PersonController(personService);
    assertEquals(getInstanceCount(), 2);
}
```

以上代码没有使用 Java 注解来注入 Mock 对象，而是调用了 mock（Class<T> classToMock）方法来创建一个 Mock 对象。

9.6.2 HTTP 接口测试的 Mock

HTTP 接口测试的 Mock 框架也有很多，比如 WireMock、MockServer 等，还有像 RAP 这种接口管理平台，其提供了包括 Mock 在内的多种功能。本节使用 WireMock 作为 HTTP 接口测试的 Mock 框架来介绍。

WireMock 是基于 HTTP API 的模拟器。也可将其视为服务虚拟化工具或 Mock 服务器。当依赖的 API 不存在、不完整、不稳定或受限（调用次数或频率限制、付费等）时，它可以提供测试替身。另外它提供了对极端和失败场景的模拟，这些场景的真实 API 难以提供。而且由于其提供的 API 是模拟的，因此速度会很快，从而大大减少了构建时间。

加入 WireMock 依赖，代码如下。

```
<dependency>
    <groupId>com.github.tomakehurst</groupId>
    <artifactId>wiremock-jre8</artifactId>
    <version>2.26.3</version>
</dependency>
```

本节使用 HttpClient 实现接口测试，不过在 WireMock 的依赖中已自动下载了 HttpClient 的依赖，因此不需要单独下载。

首先写一个正常的（不使用 Mock）登录 IMS 接口测试用例，为此新增 HTTPMockTest 测试类，代码如下所示。

```
package com.lujiatao.c09;

import org.apache.http.Consts;
import org.apache.http.NameValuePair;
import org.apache.http.client.entity.UrlEncodedFormEntity;
import org.apache.http.client.methods.CloseableHttpResponse;
import org.apache.http.client.methods.HttpPost;
import org.apache.http.impl.client.CloseableHttpClient;
import org.apache.http.impl.client.HttpClients;
import org.apache.http.message.BasicNameValuePair;
import org.apache.http.util.EntityUtils;
import org.testng.annotations.Test;

import java.io.IOException;
import java.util.ArrayList;
import java.util.List;

import static org.testng.Assert.assertEquals;

public class HTTPMockTest {

    @Test
    public void testCase_001() throws IOException {
        login("http://localhost:9002/login");
    }

    private void login(String url) throws IOException {
        CloseableHttpClient httpClient = HttpClients.createDefault();
        HttpPost post = new HttpPost(url);
        List<NameValuePair> nameValuePairs = new ArrayList<>();
        nameValuePairs.add(new BasicNameValuePair("username", "zhangsan"));
        nameValuePairs.add(new BasicNameValuePair("password", "zhangsan123456"));
        UrlEncodedFormEntity urlEncodedFormEntity = new UrlEncodedFormEntity(nameValue-
Pairs, Consts.UTF_8);
        post.setEntity(urlEncodedFormEntity);
        CloseableHttpResponse response = httpClient.execute(post);
        assertEquals(EntityUtils.toString(response.getEntity()), "{\"code\":0,\"msg\":
\"成功！\",\"data\":null}");
    }

}
```

以上代码非常简单，只是调用了登录接口进行登录，校验返回的JSON字符串。此处将登录方法单独封装并对 URL 进行参数化以便后续复用。

接下来使用 WireMock 来模拟服务端对登录接口的响应。WireMock 可使用非独立服务器和独立服务器两种模式来实现 Mock 功能。

1. 非独立服务器模式

非独立服务器模式即 Mock 服务器与测试代码在同一个进程。

新增 testCase_002 测试方法，代码如下所示。

```
@Test
public void testCase_002() throws IOException {
    WireMockServer server = new WireMockServer(options().port(9003));
    server.start();
    configureFor("localhost", 9003);
    stubFor(post(urlEqualTo("/login")).withRequestBody(equalTo("username=zhangsan&password=zhangsan123456"))
            .willReturn(aResponse().withHeader("Content-Type", "application/json")
.withBody("{\"code\":0,\"msg\":\"成功！\",\"data\":null}")));
    login("http://localhost:9003/login");
    verify(1, postRequestedFor(urlEqualTo("/login")));
    server.stop();
}
```

以上代码首先创建一个 Mock 服务器，把端口号配置为 9003，并启动 Mock 服务器。然后将客户端的访问端口也配置到了 9003。最后创建 Stub，并开始测试。测试结束后校验是否调用了 Mock 接口，并停止 Mock 服务器。

2. 独立服务器模式

独立服务器模式需要使用 WireMock 的独立 JAR 包，其下载地址为：https://repo1.maven.org/maven2/com/github/tomakehurst/wiremock-jre8-standalone/2.26.3/。

笔者将下载的 wiremock-jre8-standalone-2.26.3.jar 文件放置到了 E 盘根目录，读者可根据实际情况修改放置路径。

打开 CMD 命令行窗口，执行以下命令启动 Mock 服务器。

```
java -jar E:\wiremock-jre8-standalone-2.26.3.jar --port 9003
```

新增 testCase_003()测试方法，代码如下所示。

```
@Test
public void testCase_003() throws IOException {
    configureFor("localhost", 9003);
    stubFor(post(urlEqualTo("/login")).withRequestBody(equalTo("username=zhangsan&password=zhangsan123456"))
```

```
                    .willReturn(aResponse().withHeader("Content-Type", "application/json")
    .withBody("{\"code\":0,\"msg\":\"成功！\",\"data\":null}")));
        login("http://localhost:9003/login");
        verify(1, postRequestedFor(urlEqualTo("/login")));
    }
```

可以看到 testCase_003()测试方法与 testCase_002()测试方法区别并不大，只是删除了 Mock 服务器的创建、启动和停止代码。

实际上 WireMock 的独立服务器模式可完全脱离代码来使用。以下演示了如何通过 curl 工具使用 WireMock 的方法。

首先，执行以下命令配置 Stub。

```
curl -X POST -d '{"request":{"url":"/login","method":"POST","bodyPatterns":[{"equalTo":"username=zhangsan&password=zhangsan123456"}]},"response":{"headers":{"Content-Type":"application/json"},"body":"{\"code\":0,\"msg\":\"成功！\",\"data\":null}"}}' http://192.168.3.12:9003/__admin/mappings/new
```

然后，执行以下命令调用登录接口。

```
curl -X POST -d 'username=zhangsan&password=zhangsan123456' http://192.168.3.12:9003/login
```

最后，执行以下命令校验调用登录接口的次数是否增加了 1 次。

```
curl -X POST -d '{"url":"/login","method":"POST"}' http://192.168.3.12:9003/__admin/requests/count
```

“192.168.3.12”是笔者本地 Windows 7 计算机的 IP 地址，即 WireMock 独立服务器运行的计算机，读者需根据实际情况进行替换。另外，也可使用 JMeter、Postman 或 SoapUI 等 GUI 接口测试工具代替 curl 工具进行 HTTP 接口的请求。

9.6.3 Dubbo 接口测试的 Mock

1. 泛化调用

Dubbo 接口有 Java API、Spring XML、Spring 注解、Spring Boot 和泛化调用 5 种调用方式，前 4 种方式都需要接口依赖包，最后一种方式不需要接口依赖包，适合 Dubbo 接口测试框架使用。另外，以上方式均支持直连和通过注册中心调用两种方式，为了更好地模拟真实场景，本节采用通过注册中心来调用 Dubbo 接口。

鉴于本节讨论的是 Dubbo 接口测试的 Mock，因此不对以上每种调用方法进行介绍，在此使用的是泛化调用方式来调用 Dubbo 接口。

首先加入 Dubbo 及注册中心（ZooKeeper）依赖，代码如下。

```
<dependency>
    <groupId>org.apache.dubbo</groupId>
    <artifactId>dubbo</artifactId>
    <version>2.7.6</version>
</dependency>
    <dependency>
    <groupId>org.apache.curator</groupId>
    <artifactId>curator-recipes</artifactId>
    <version>4.3.0</version>
</dependency>
```

新增 DubboMockTest 测试类，代码如下所示。

```
package com.lujiatao.c09;

import com.google.gson.Gson;
import com.google.gson.GsonBuilder;
import org.apache.dubbo.config.ApplicationConfig;
import org.apache.dubbo.config.ReferenceConfig;
import org.apache.dubbo.config.RegistryConfig;
import org.apache.dubbo.rpc.service.GenericService;
import org.testng.annotations.BeforeClass;
import org.testng.annotations.Test;

import static org.testng.Assert.assertTrue;

public class DubboMockTest {

    private GenericService genericService;
    private Gson gson;

    @BeforeClass
    public void setUpAll() {
        ApplicationConfig applicationConfig = new ApplicationConfig();
        applicationConfig.setName("DubboMockTest");
        RegistryConfig registryConfig = new RegistryConfig();
        registryConfig.setAddress("zookeeper://localhost:2181");
        ReferenceConfig<GenericService> referenceConfig = new ReferenceConfig<>();
        referenceConfig.setApplication(applicationConfig);
        referenceConfig.setRegistry(registryConfig);
        referenceConfig.setInterface("com.lujiatao.ims.service.GoodsService");
        referenceConfig.setVersion("1.0.0");
        referenceConfig.setGeneric(true);
```

```
        genericService = referenceConfig.get();
        gson = new GsonBuilder().create();
    }

    @Test
    public void testCase_001() {
        String expected = "\\[\\{\"goodsCategoryId\":1,\"createTime\":\".{24}\",
\"model\":\"iPhone 11\",\"updateTime\":\".{24}\",\"id\":1,\"isInStock\":true,\"
class\":\"com.lujiatao.ims.common.entity.Goods\",\"brand\":\"Apple\",\"desc\":
\"XR继任者\"}]";
         Object goods = genericService.$invoke("search", new String[]{"int","
java.lang.String","java.lang.String"}, new Object[]{1,"Apple","iPhone 11"});
        String actual = gson.toJson(goods);
        assertTrue(actual.matches(expected));
    }

}
```

在以上代码中，setUpAll()方法对调用 Dubbo 接口的客户端设置了名称、注册中心地址、接口及版本，最后使用 setGeneric(Boolean generic)方法开启泛化调用。而 testCase_001()测试方法中对预期值使用了正则表达式，因为返回值里的时间是每次启动 IMS 服务由系统生成的，因此是可变的（即不能硬编码在代码中）。

在泛化调用中，最关键的是 $invoke(String method, String[] parameterTypes, Object[] args)方法，其 3 个参数分别表示所调用方法的方法名、参数类型及参数值。参数类型和参数值都以数组形式提供。需要注意的是，如果参数类型不是基本类型，那么需要使用类全路径来表示，比如 String 应该写为 java.lang.String。

另外，在 testCase_001()测试方法中还用到 Gson 函数库，其用于处理 JSON 相关内容。在第 8 章引入 Extent Reporting 的 TestNG 适配器依赖时已包含了 Gson 依赖，因此这里并没有单独添加 Gson 函数库的依赖。

2. 实现 Dubbo Mock 服务器

Dubbo 接口目前没有非常成熟的 Mock 开源工具或框架，因此本节笔者将通过实现 GenericService 接口自己实现一个 Dubbo Mock 服务器。

首先在 chapter-09 模块下新建一个子模块 dubbo-mock-server。然后新增 GenericServiceImpl 类，该类实现了 GenericService 接口，并重写了它的 $invoke(String method, String[] parameterTypes, Object[] args)方法，代码如下所示。

```
package com.lujiatao.dubbomockserver;

import org.apache.dubbo.rpc.service.GenericException;
```

```java
import org.apache.dubbo.rpc.service.GenericService;

import java.util.Collections;
import java.util.HashMap;
import java.util.Map;

public class GenericServiceImpl implements GenericService {

    @Override
    public Object $invoke(String method, String[] parameterTypes, Object[] args) throws GenericException {
        if (method.equals("search")) {
            if (parameterTypes.length == 3) {
                if (parameterTypes[0].equals("int") && parameterTypes[1].equals("java.lang.String") && parameterTypes[2].equals("java.lang.String")) {
                    Map<String, Object> map = new HashMap<>();
                    map.put("goodsCategoryId", 1);
                    map.put("createTime", "2020-04-22 11:52:01.5928");
                    map.put("model", "iPhone 11");
                    map.put("updateTime", "2020-04-22 11:52:01.5928");
                    map.put("id", 1);
                    map.put("isInStock", true);
                    map.put("class", "com.lujiatao.ims.common.entity.Goods");
                    map.put("brand", "Apple");
                    map.put("desc", "XR 继任者");
                    return Collections.singletonList(map);
                }
            }
        }
        throw new IllegalArgumentException("未提供该方法的 Mock 实现!");
    }

}
```

以上代码判断了泛化调用时的方法名、参数数量及类型，然后使用 Map<String, Object>代替 Goods 对象，请注意 Map<String, Object>中有一个 Key 为 class，其 Value 为 Goods 类的全路径。

新增 DubboMockServer 类，该类用于提供 Mock 服务，代码如下所示。

```java
package com.lujiatao.dubbomockserver;

import org.apache.dubbo.config.ApplicationConfig;
```

```java
import org.apache.dubbo.config.RegistryConfig;
import org.apache.dubbo.config.ServiceConfig;
import org.apache.dubbo.rpc.service.GenericService;

import java.util.concurrent.CountDownLatch;

public class DubboMockServer {

    public static void main(String[] args) throws InterruptedException {
        ApplicationConfig applicationConfig = new ApplicationConfig();
        applicationConfig.setName("DubboMockServer");
        RegistryConfig registryConfig = new RegistryConfig();
        registryConfig.setAddress("zookeeper://localhost:2181");
        ServiceConfig<GenericService> serviceConfig = new ServiceConfig<>();
        serviceConfig.setApplication(applicationConfig);
        serviceConfig.setRegistry(registryConfig);
        serviceConfig.setInterface("com.lujiatao.ims.service.GoodsService");
        serviceConfig.setVersion("1.0.0");
        serviceConfig.setRef(new GenericServiceImpl());
        serviceConfig.export();
        new CountDownLatch(1).await();
    }

}
```

以上代码通过引用的方式将 GoodsService 接口的调用映射到 GenericServiceImpl 类，即将对真实接口的调用映射到 GenericService 接口。接下来使用 export()暴露该服务提供者，最后使用 CountDownLatch 对象的 await()方法对线程进行阻塞，否则无法持续运行。

为了试验 Mock 服务是否可用，需要先停止本地已启动的 IMS 服务。

保持 DubboMockTest 测试类的代码不变，重新执行 testCase_001()测试方法，测试用例执行通过。因此说明 Mock 服务已经生效，否则当 IMS 服务停止后，测试用例是不可能执行通过的。

9.7 使用 Fake

Fake 提供了类似于真实对象的测试替身，因此在 5 种测试替身中，它与真实对象的相似度最高。实际项目中常见的例子是在测试环境使用轻量级数据库（如 H2）的内存模式替代生产环境的中大型数据库（如 MySQL、SQL Server）。

回顾本章开头对示例应用程序的规划，PersonTable 扮演了此处的 Fake 角色。现在来看看 PersonTable 类的实现。

```
package com.lujiatao.c09;

import java.util.ArrayList;
import java.util.List;

public class PersonTable {

    public static final PersonTable PERSON_TABLE = new PersonTable();
    private List<Person> persons = new ArrayList<>();

    private PersonTable() {
    }

    public List<Person> selectAllPersons() {
        return persons;
    }

    public Person selectPerson(String idCard) {
        int index = getIndex(idCard);
        return index == -1 ? null : persons.get(index);
    }

    public boolean insertPerson(Person person) {
        if (person == null) {
            return false;
        }
        int index = getIndex(person.getIdCard());
        if (index != -1) {
            return false;
        } else {
            return persons.add(person);
        }
    }

    public boolean updatePerson(Person person) {
        if (person == null) {
            return false;
        }
```

```
        int index = getIndex(person.getIdCard());
        if (index == -1) {
            return false;
        } else {
            return persons.set(index, person) != null;
        }
    }

    public boolean deletePerson(String idCard) {
        int index = getIndex(idCard);
        if (index == -1) {
            return false;
        } else {
            return persons.remove(index) != null;
        }
    }

    private int getIndex(String idCard) {
        for (int i = 0; i < persons.size(); i++) {
            if (persons.get(i).getIdCard().equals(idCard)) {
                return i;
            }
        }
        return -1;
    }

}
```

由于 PersonTable 用于模拟数据库表，因此使用了单例模式。接下来实现 PersonDAO 接口及 PersonDAOImpl 类。

PersonDAO 接口代码如下所示。

```
package com.lujiatao.c09;

import java.util.List;

public interface PersonDAO {

    List<Person> selectAllPersons();

    Person selectPerson(String idCard);

    boolean insertPerson(Person person);
```

```
    boolean updatePerson(Person person);

    boolean deletePerson(String idCard);

}
```

PersonDAOImpl 类代码如下所示。

```
package com.lujiatao.c09;

import java.util.List;

import static com.lujiatao.c09.PersonTable.PERSON_TABLE;

public class PersonDAOImpl implements PersonDAO {

    @Override
    public List<Person> selectAllPersons() {
        return PERSON_TABLE.selectAllPersons();
    }

    @Override
    public Person selectPerson(String idCard) {
        return PERSON_TABLE.selectPerson(idCard);
    }

    @Override
    public boolean insertPerson(Person person) {
        return PERSON_TABLE.insertPerson(person);
    }

    @Override
    public boolean updatePerson(Person person) {
        return PERSON_TABLE.updatePerson(person);
    }

    @Override
    public boolean deletePerson(String idCard) {
        return PERSON_TABLE.deletePerson(idCard);
    }

}
```

PersonDAOImpl 类代码非常简单，都是直接调用 PersonTable 类中的方法。

修改实现类 PersonServiceImpl 使其调用 PersonDAO 接口。修改后的 PersonServiceImpl 类代码如下所示。

```
package com.lujiatao.c09;

import java.util.List;

public class PersonServiceImpl implements PersonService {

    private PersonDAO personDao = new PersonDAOImpl();

    @Override
    public List<Person> getAllPersons() {
        return personDao.selectAllPersons();
    }

    @Override
    public Person getPerson(String idCard) {
        return personDao.selectPerson(idCard);
    }

    @Override
    public boolean addPerson(Person person) {
        return personDao.insertPerson(person);
    }

    @Override
    public boolean modifyPerson(Person person) {
        return personDao.updatePerson(person);
    }

    @Override
    public boolean delPerson(String idCard) {
        return personDao.deletePerson(idCard);
    }

}
```

至此示例应用程序完成编码。

修改测试类 PersonControllerTest，删除或注释掉与 getCount()方法相关的代码，因为本节使用 Fake 提供测试替身，已经不需要 Spy 的功能了。

新增 testCase_008()测试方法，代码如下所示。

```
@Test
public void testCase_008() {
    PersonService personService = new PersonServiceImpl();
    assertEquals(personService.getAllPersons().size(), 0);
    personService.addPerson(new Person("123456", "张三"));
    assertEquals(personService.getAllPersons().size(), 1);
}
```

执行 testCase_008( )测试方法，测试用例执行通过。

在实际项目中替代 PersonTable 类的是数据库表，替代 PersonDAOImpl 类的是 ORM 框架。

第10章　提高执行效率

当自动化测试用例达到一定规模时，执行一次自动化测试往往需要很长的时间，因此提高执行效率就变得很重要了，本章会介绍多种方法来提高自动化测试用例的执行效率。

10.1　使用无头浏览器

无头浏览器（Headless Browser）是一种无界面的浏览器，由于不需要界面渲染，因此执行速度比常规浏览器更快。除了 PhantomJS 和 HtmlUnit 这类传统无头浏览器外，Chrome 和 Firefox 也提供了无头模式，本节会分别对它们进行介绍。

10.1.1　PhantomJS 和 HtmlUnit

PhantomJS 是基于 QtWebKit 的老牌无头浏览器，并可使用 JavaScript 编写脚本来驱动浏览器的运行。此外，PhantomJS 提供了对 Windows、Linux、macOS 和 FreeBSD 操作系统的支持，其一般用于以下几种场景。

1）自动化测试：使用自动化测试框架或工具操作无界面的 Web 页面，执行 Web 自动化测试。

2）网站截图：以编程方式获取网站截图。

3）网络监控：监控网站的加载，并可导出 HAR 格式的文件以供诸如 YSlow 之类的性能分析工具分析。

遗憾的是 PhantomJS 官方已宣布暂停 PhantomJS 的后续更新，而新版本的 Selenium 也停止了对 PhantomJS 的支持。

HtmlUnit 类似于 PhantomJS，也提供无界面的浏览器功能。它可以根据不同配置来模拟 Chrome、Firefox 或 IE 等浏览器的行为。目前 HtmlUnit 已被其他多个开源项目使用，如 Selenium、Spring 和 Wetator 等。

截至笔者编写本书，HtmlUnit 的最新版本仍然不支持 Vue. js 生成的页面。因此在 Vue. js 大行其道的今天，其使用范围大打折扣。

10.1.2 Chrome 无头模式

为了查看测试用例的执行效率，首先增加了一个辅助类 Timer 用于计时，代码如下所示。

```
package com.lujiatao.c10;

public class Timer {

    public static final Timer TIMER = new Timer();
    private long startTime;

    private Timer() {
    }

    public void setStartTime() {
        this.startTime = System.currentTimeMillis();
    }

    public long getElapsedTime() {
        return System.currentTimeMillis() - startTime;
    }

}
```

新增 ChromeTest 测试类，其中除了包含测试方法外，还在初始化和清理操作中分别设置开始时间和计算整体耗时，代码如下所示。

```
package com.lujiatao.c10;

import org.openqa.selenium.By;
import org.openqa.selenium.WebElement;
import org.openqa.selenium.chrome.ChromeDriver;
import org.openqa.selenium.chrome.ChromeOptions;
import org.openqa.selenium.support.ui.WebDriverWait;
import org.testng.annotations.AfterClass;
import org.testng.annotations.BeforeClass;
import org.testng.annotations.Test;

import static com.lujiatao.c10.Timer.TIMER;
import static org.openqa.selenium.support.ui.ExpectedConditions.presenceOfElementLocated;
```

```
import static org.testng.Assert.assertEquals;

public class ChromeTest {

    @BeforeClass
    public void setUpAll() {
        TIMER.setStartTime();
    }

    @AfterClass
    public void tearDownAll() {
        System.out.println("平均耗时:" + TIMER.getElapsedTime() / 10 + "毫秒");
    }

    @Test(invocationCount = 10)
    public void testCase_001() {
        ChromeOptions chromeOptions = new ChromeOptions();
        chromeOptions.addArguments("--headless");
        ChromeDriver driver = new ChromeDriver(chromeOptions);
        driver.get("http://localhost:9002/login");
        driver.findElementByCssSelector("input[type='text']").sendKeys("zhangsan");
        driver.findElementByCssSelector("input[type='password']").sendKeys("
zhangsan123456");
        driver.findElementByClassName("el-button").click();
        WebDriverWait wait = new WebDriverWait(driver, 10);
        WebElement actual = wait.until(presenceOfElementLocated(By.cssSelector("#nav >
div:nth-child(2) > span")));
        assertEquals(actual.getText(), "zhangsan");
        driver.quit();
    }

}
```

以上 testCase_001()测试方法通过创建 ChromeOptions 对象，并传递--headless 参数来使用 Chrome 的无头模式。

执行 testCase_001()测试方法，在笔者计算机上执行 10 次的平均时间为 7051 ms。

新增 testCase_002()测试方法，其使用了浏览器的常规模式，代码如下所示。

```
@Test(invocationCount = 10)
public void testCase_002() {
    ChromeDriver driver = new ChromeDriver();
```

```java
        driver.get("http://localhost:9002/login");
        driver.findElementByCssSelector("input[type='text']").sendKeys("zhangsan");
        driver.findElementByCssSelector("input[type='password']").sendKeys
("zhangsan123456");
        driver.findElementByClassName("el-button").click();
        WebDriverWait wait = new WebDriverWait(driver, 10);
        WebElement actual = wait.until(presenceOfElementLocated(By.cssSelector("#nav > div:
nth-child(2) > span")));
        assertEquals(actual.getText(), "zhangsan");
        driver.quit();
    }
```

执行 testCase_002()测试方法，在笔者计算机上执行 10 次的平均时间为 7903 ms。

通过以上对比可以看出，无头模式大约比常规模式节省了 1 s，当页面复杂或步骤繁多时，这个差距会拉得更大。

10.1.3　Firefox 无头模式

Firefox 也支持无头模式，本节以 Firefox 75.0 版本为例。

新增 FirefoxTest 测试类，其大部分代码与 ChromeTest 测试类一致，以下省略相似的代码。

```java
//省略其他代码
import org.openqa.selenium.firefox.FirefoxDriver;
import org.openqa.selenium.firefox.FirefoxOptions;
//省略其他代码

public class FirefoxTest {

    //省略其他代码

    @Test(invocationCount = 10)
    public void testCase_001() {
        FirefoxOptions firefoxOptions = new FirefoxOptions();
        firefoxOptions.addArguments("--headless");
        FirefoxDriver driver = new FirefoxDriver(firefoxOptions);
        //省略其他代码
    }

    @Test(invocationCount = 10)
    public void testCase_002() {
```

```
        FirefoxDriver driver = new FirefoxDriver();
        //省略其他代码
    }

}
```

分别执行 testCase_001()和 testCase_002()测试方法，在笔者计算机上耗时分别为 15558 ms 和 17824 ms，因此对于 Firefox 而言，其无头模式比常规模式同样也有效率上的优势。

10.2 TestNG 并行执行

10.2.1 并行执行策略

TestNG 有如下 5 种并行执行的策略。

1）Method：每个测试方法在单独的线程中运行。

2）Class：每个测试类在单独的线程中运行。

3）Test：每个 Test 在单独的线程中运行。

4）Suite：每个 Suite 在单独的线程中运行。该策略不能通过 XML 配置文件来指定。

5）Instance：每个实例在单独的线程中运行。需配合@ Factory 注解使用。

1. 使用 Method 策略

新增 TestNGTest1 测试类，并新增两个测试方法，代码如下所示。

```
package com.lujiatao.c10;

import org.testng.annotations.Test;

import java.util.concurrent.TimeUnit;

public class TestNGTest1 {

    @Test
    public void testCase_001() throws InterruptedException {
        TimeUnit.SECONDS.sleep(1);
    }

    @Test
```

```
    public void testCase_002() throws InterruptedException {
        TimeUnit.SECONDS.sleep(2);
    }

}
```

如果使用串行执行，那么 testCase_001( )和 testCase_002( )测试方法执行完成的时间约为 3 s。为此在 chapter-10 模块根目录新增 testng.xml 文件，文件内容如下所示。

```
<?xml version="1.0" encoding="UTF-8"?>
<!DOCTYPE suite SYSTEM "http://testng.org/testng-1.0.dtd">
<suite name="Suite">
    <test name="Test">
        <classes>
            <class name="com.lujiatao.c10.TestNGTest1"/>
        </classes>
    </test>
</suite>
```

使用 testng.xml 文件执行 TestNG 测试用例，在笔者计算机上执行完成后，测试报告显示的时间为 3497 ms，由此证实了以上推断，测试报告如图 10-1 所示。

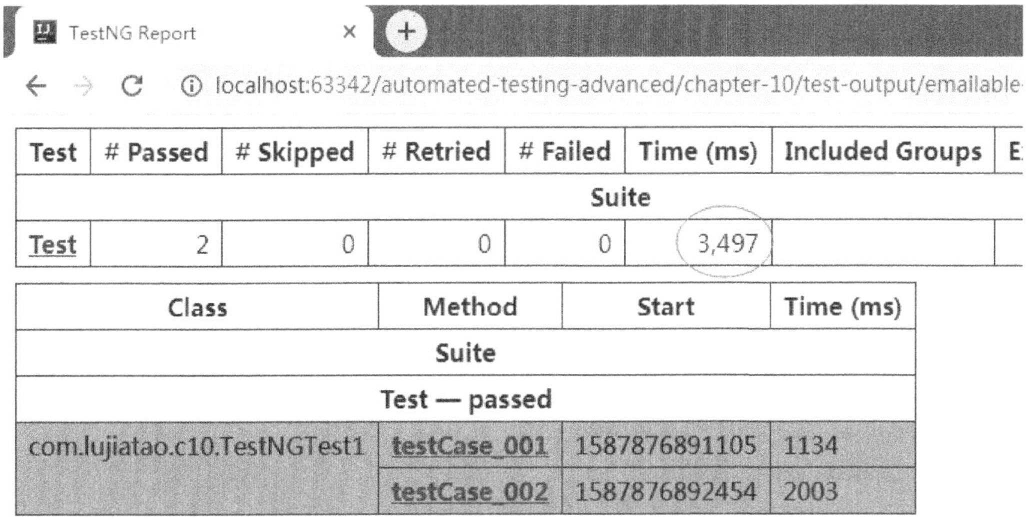

TestNG Report

localhost:63342/automated-testing-advanced/chapter-10/test-output/emailable

Test	# Passed	# Skipped	# Retried	# Failed	Time (ms)	Included Groups	E
Suite							
Test	2	0	0	0	3,497		

Class	Method	Start	Time (ms)
Suite			
Test — passed			
com.lujiatao.c10.TestNGTest1	testCase_001	1587876891105	1134
	testCase_002	1587876892454	2003

图 10-1　使用 Method 策略的测试报告

要使测试用例并行执行，可在<suite>标签中增加 parallel 属性，parallel 属性支持 false、true、none、methods、tests、classes 和 instances 7 个值，其中 false 和 true 已被废弃，none 为默认值（即不使用并行执行），methods、tests、classes 和 instances 分别对应 Method、Class、Test 和 Instance 4 种并行执行策略。

修改 testng. xml 文件，增加 parallel 属性，设置其值为 methods。重新使用 testng. xml 文件执行 TestNG 测试用例，在笔者计算机上执行完成后，测试报告显示的时间为 2258 ms，略大于 testCase_002( )测试方法的执行时间，说明成功将并行执行策略设置为了 Method。

2. 使用 Class 策略

新增 TestNGTest2 测试类，代码与 TestNGTest1 测试类一致。

修改 testng. xml 文件，将 parallel 属性值修改为 classes，新增一个<class>标签用于指定 TestNGTest2 测试类，修改后的 testng. xml 文件内容如下所示。

```
<?xml version="1.0" encoding="UTF-8"?>
<!DOCTYPE suite SYSTEM "http://testng.org/testng-1.0.dtd">
<suite name="Suite" parallel="classes">
    <test name="Test">
        <classes>
            <class name="com.lujiatao.c10.TestNGTest1"/>
            <class name="com.lujiatao.c10.TestNGTest2"/>
        </classes>
    </test>
</suite>
```

重新使用 testng. xml 文件执行 TestNG 测试用例，执行时间 3 s 多，符合 Class 策略的预期。

3. 使用 Test 策略

将 parallel 属性值修改为 tests，可实现 Test 级别的并行执行策略。为此新增 TestNGTest3 测试类，代码与 TestNGTest1 测试类一致，并在 testng. xml 文件中新增一个包含 TestNGTest3 测试类的<test>标签，修改后的 testng. xml 文件如下所示。

```
<?xml version="1.0" encoding="UTF-8"?>
<!DOCTYPE suite SYSTEM "http://testng.org/testng-1.0.dtd">
<suite name="Suite" parallel="tests">
    <test name="Test">
        <classes>
            <class name="com.lujiatao.c10.TestNGTest1"/>
            <class name="com.lujiatao.c10.TestNGTest2"/>
        </classes>
    </test>
    <test name="Test2">
        <classes>
            <class name="com.lujiatao.c10.TestNGTest3"/>
```

```
        </classes>
    </test>
</suite>
```

重新使用 testng. xml 文件执行 TestNG 测试用例，执行时间 6 s 多，同样符合 Test 策略的预期。

4. 使用 Instance 策略

Instance 策略需结合@ Factory 注解来使用，为此新增 TestNGTestFactory 类，代码如下所示。

```
package com.lujiatao.c10;

import org.testng.annotations.Factory;

public class TestNGTestFactory {

    @Factory
    public Object[] createTestNGTest1() {
        return new Object[]{
                new TestNGTest1(),
                new TestNGTest1()
        };
    }

}
```

以上代码将会创建两个 TestNGTest1 测试类的实例。

修改 testng. xml 文件，将 TestNGTestFactory 加入<class>标签中，并删除其他无关配置，修改后的 testng. xml 文件内容如下所示。

```
<?xml version="1.0" encoding="UTF-8"?>
<!DOCTYPE suite SYSTEM "http://testng.org/testng-1.0.dtd">
<suite name="Suite" parallel="instances">
    <test name="Test">
        <classes>
            <class name="com.lujiatao.c10.TestNGTestFactory"/>
        </classes>
    </test>
</suite>
```

理论上执行时间应该是 3 s 多，但实际上执行时间为 2 s 多。因此推断两个 Test-

NGTest1 测试类的实例是按 Method 策略运行的。

为了证实以上推断，可在测试方法中加入打印线程号的代码，修改后的 TestNGTest1 测试类如下所示。

```
//省略 package 和 import 语句

public class TestNGTest1 {

    @Test
    public void testCase_001() throws InterruptedException {
        System.out.println("TestNGTest1 >>> testCase_001: " + Thread.currentThread()
.getId());
        TimeUnit.SECONDS.sleep(1);
    }

    @Test
    public void testCase_002() throws InterruptedException {
        System.out.println("TestNGTest1 >>> testCase_002: " + Thread.currentThread()
.getId());
        TimeUnit.SECONDS.sleep(2);
    }

}
```

重新使用 testng.xml 文件执行 TestNG 测试用例，控制台输出如图 10-2 所示。

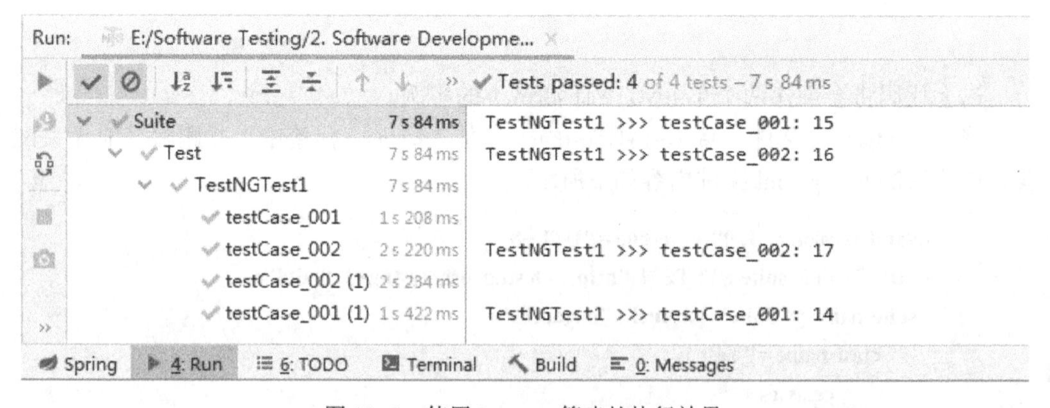

图 10-2 使用 Instance 策略的执行效果

由图 10-2 可知，TestNG 为每个测试方法都创建了一个线程，因此 Instance 策略的实际效果和 Method 策略一致。

5. 使用 Suite 策略

由于 Suite 策略不能通过 XML 配置文件来指定，因此本节使用命令行执行 TestNG 测试用例的方式来演示 Suite 策略的使用。

在 chapter-10 模块根目录新增 test-suite-001. xml 和 test-suite-002. xml 文件。

test-suite-001. xml 文件内容如下所示。

```
<?xml version="1.0" encoding="UTF-8"?>
<!DOCTYPE suite SYSTEM "http://testng.org/testng-1.0.dtd">
<suite name="Suite1">
    <test name="Test1">
        <classes>
            <class name="com.lujiatao.c10.TestNGTest1"/>
        </classes>
    </test>
</suite>
```

test-suite-002. xml 文件内容如下所示。

```
<?xml version="1.0" encoding="UTF-8"?>
<!DOCTYPE suite SYSTEM "http://testng.org/testng-1.0.dtd">
<suite name="Suite2">
    <test name="Test2">
        <classes>
            <class name="com.lujiatao.c10.TestNGTest2"/>
        </classes>
    </test>
</suite>
```

修改 TestNGTest2 测试类，在测试方法中加入打印线程号的代码，修改后的 TestNGTest2 测试类如下所示。

```
//省略 package 和 import 语句

public class TestNGTest2 {

    @Test
    public void testCase_001() throws InterruptedException {
        System.out.println("TestNGTest2 >>> testCase_001: " + Thread.currentThread()
.getId());
        TimeUnit.SECONDS.sleep(1);
    }
```

```
        @Test
        public void testCase_002() throws InterruptedException {
            System.out.println("TestNGTest2 >>> testCase_002: " + Thread.currentThread()
    .getId());
            TimeUnit.SECONDS.sleep(2);
        }

    }
```

在 chapter-10 模块根目录新建 jar-files 目录，将 TestNG 及其依赖 JAR 包全部复制到 jar-files 目录。

可通过 IDE 的依赖关系查看 TestNG 的依赖情况，如图 10-3 所示。

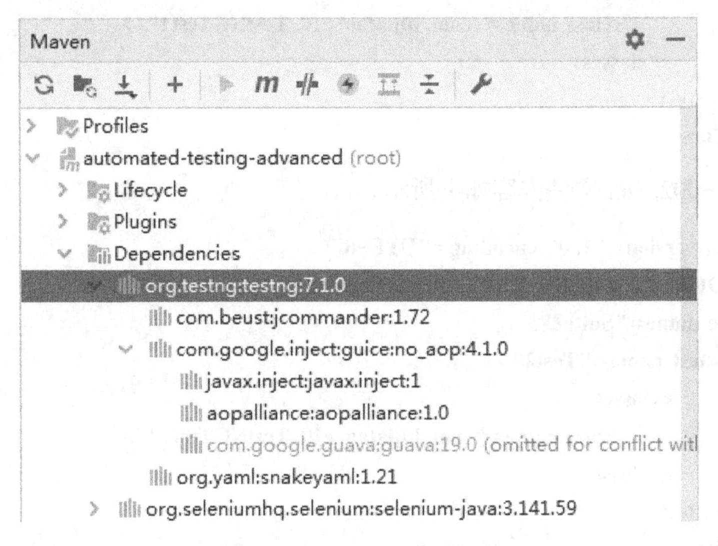

图 10-3　TestNG 的依赖情况

打开 IDE 的 Terminal，执行以下命令编译测试代码。

```
mvn clean test-compile -pl chapter-10
```

执行 cd chapter-10 命令切换到 chapter-10 模块根目录。

执行以下命令使用 Suite 策略执行 TestNG 测试用例。

```
java -classpath "your\path\to\automated-testing-advanced\chapter-10\jar-files\*;your\path\to\automated-testing-advanced\chapter-10\target\test-classes" org.testng.TestNG -suitethreadpoolsize 2 test-suite-001.xml test-suite-002.xml
```

以上命令中的“your\path\to”需要根据实际情况进行路径的替换，-classpath 用于指定类路径，-suitethreadpoolsize 用于指定线程池大小。

执行后从控制台输出可以看出 TestNGTest1 和 TestNGTest2 测试类是在两个线程中并行执行的，如图 10-4 所示。

```
Terminal:  Local ×  +
TestNGTest2 >>> testCase_001: 13
TestNGTest1 >>> testCase_001: 12
TestNGTest1 >>> testCase_002: 12
TestNGTest2 >>> testCase_002: 13

===============================================
Suite2
Total tests run: 2, Passes: 2, Failures: 0, Skips: 0

Spring  4: Run  6: TODO  Terminal  Build  0: Messages
```

图 10-4　使用 Suite 策略的执行效果

10.2.2　设置并行线程数

在 TestNG 中，默认的并行线程数为 5，可使用<suite>标签的 thread-count 属性修改其默认值。为此在 TestNGTest1 测试类中新增 testCase_003( )测试方法，代码如下所示。

```java
@Test
public void testCase_003() throws InterruptedException {
    System.out.println("TestNGTest1 >>> testCase_003: " + Thread.currentThread().getId());
    TimeUnit.SECONDS.sleep(3);
}
```

修改 testng.xml 文件。首先将<suite>标签的 parallel 属性值修改为 methods，新增 thread-count 属性，并将其值设置为 2。然后将测试类替换为 TestNGTest1。修改后的文件内容如下所示。

```xml
<?xml version="1.0" encoding="UTF-8"?>
<!DOCTYPE suite SYSTEM "http://testng.org/testng-1.0.dtd">
<suite name="Suite" parallel="methods" thread-count="2">
    <test name="Test">
        <classes>
            <class name="com.lujiatao.c10.TestNGTest1"/>
        </classes>
    </test>
</suite>
```

重新使用 testng.xml 文件执行 TestNG 测试用例，可以看到执行过程中并不是 3 个测试方法一起执行的，而是只使用了两个线程来执行。

10.2.3 设置超时时间

可对并行执行的过程设置超时时间，这需要用到<suite>标签的 time-out 属性，其单位为毫秒。

修改 testng.xml 文件，去掉 thread-count 属性，新增 time-out 属性，并将其值设置为 2500。重新使用 testng.xml 文件执行 TestNG 测试用例，由于 testCase_001()和 testCase_002()测试方法的执行时间都小于 2500 ms，因此执行成功；而 testCase_003()测试方法的执行时间大于 2500 ms，因此执行失败并抛出了 InterruptedException 异常。

超时时间的指定可配合 Method 或 Test 策略一起使用，以上演示的是配合 Method 策略一起使用。以下演示配合 Test 策略一起使用的场景。

修改 testng.xml 文件。首先将<suite>标签的 parallel 属性值修改为 tests，time-out 属性值修改为 5000。然后新增一个<test>标签，并在其中指定测试类 TestNGTest2。修改后的文件内容如下所示。

```
<?xml version="1.0" encoding="UTF-8"?>
<!DOCTYPE suite SYSTEM "http://testng.org/testng-1.0.dtd">
<suite name="Suite" parallel="tests" time-out="5000">
    <test name="Test">
        <classes>
            <class name="com.lujiatao.c10.TestNGTest1"/>
        </classes>
    </test>
    <test name="Test2">
        <classes>
            <class name="com.lujiatao.c10.TestNGTest2"/>
        </classes>
    </test>
</suite>
```

重新使用 testng.xml 文件执行 TestNG 测试用例，TestNGTest2 测试类中的测试方法全部执行成功，而 TestNGTest1 测试类中的 testCase_003()测试方法执行失败，这是由于 TestNGTest1 测试类的执行时间超过了 5 s（5000 ms）。

10.2.4 覆盖属性

<suite>和<test>标签中都可以通过 parallel 属性来设置并行执行的策略，如果同时设置，那么<test>标签中设置的策略将会覆盖<suite>标签中设置的。

编辑 testng.xml 文件，删除<suite>标签中的 time-out 属性，并在第二个<test>标签

中新增 parallel 属性，值为 methods。

重新使用 testng. xml 文件执行 TestNG 测试用例，观察控制台输出情况，如图 10-5 所示。

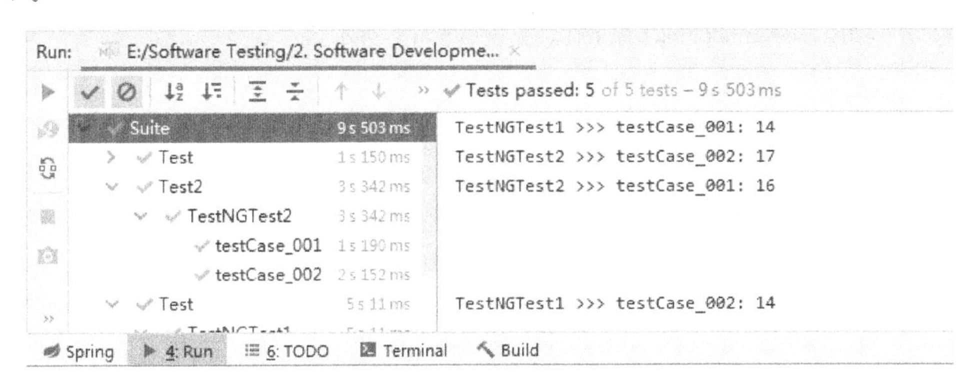

图 10-5　覆盖属性

从执行结果可以看出：TestNGTest1 测试类在同一个线程中执行所有测试方法，而 TestNGTest2 测试类由于被<test>标签的 parallel 属性覆盖，其测试方法是并行执行的。

除了 parallel 属性，thread-count 及 time-out 属性也能被覆盖。在 TestNGTest2 测试类中新增 testCase_003( )测试方法，代码如下所示。

```
@Test
public void testCase_003() throws InterruptedException {
    System.out.println("TestNGTest2 >>> testCase_003: " + Thread.currentThread().getId());
    TimeUnit.SECONDS.sleep(3);
}
```

新增后 TestNGTest1 和 TestNGTest2 测试类均有 3 个测试方法，执行时间分别为1 s、2 s 和 3 s。

修改 testng. xml 文件，将<suite>标签的 parallel 属性值设置为 methods，thread-count 属性值设置为 2，time-out 属性值设置为 2500；将第二个<test>标签中的 parallel 属性值设置为 methods，thread-count 属性值设置为 3，time-out 属性值设置为 3500。

重新使用 testng. xml 文件执行 TestNG 测试用例。TestNGTest1 测试类中的测试方法使用了 2 个线程来执行，且testCase_003( )测试方法由于超时导致执行失败；TestNGTest2 测试类中的测试方法使用了 3 个线程来执行，且所有测试方法都执行成功了。

10. 2. 5　使用@Test 注解

@Test 注解提供了 3 个属性可用于控制并行执行。

1）invocationCount：执行次数，默认为 1 次。

2）threadPoolSize：线程池大小。如果未指定 invocationCount 属性，则将被忽略。

3）timeOut：超时时间，单位毫秒。

如果仅仅指定 invocationCount 属性，那么被@ Test 注解修饰的测试方法只会串行执行指定的次数，因此需要结合 threadPoolSize 属性来使用。

新增 TestNGTestAnnotationTest 测试类，代码如下所示。

```
package com.lujiatao.c10;

import org.testng.annotations.Test;

import java.util.concurrent.TimeUnit;

public class TestNGTestAnnotationTest {

    @Test(invocationCount = 10, threadPoolSize = 2)
    public void testCase_001() throws InterruptedException {
            System.out.println ("TestNGTestAnnotationTest >>> testCase_001: " + Thread.currentThread().getId());
        TimeUnit.SECONDS.sleep(1);
    }

}
```

执行 testCase_001( )测试方法，可以看到其重复执行了 10 次，且同时启用了 2 个线程。

如果需要指定超时时间，需使用 timeOut 属性。为此在 testCase_001( )测试方法的@ Test 注解中加入 timeOut 属性，并将其值设置为 4500，重新执行 testCase_001( )测试方法，可以看到两个并行执行的线程在执行最后一次测试方法时抛出了 InterruptedException 异常，从而执行失败。

10.2.6 使用@DataProvider 注解

@ DataProvider 注解作为数据提供者，当提供的数据不止一组时，测试方法将多次执行，这种情况下可使用@ DataProvider 注解中的 parallel 属性来开启并行执行，只需将其值设置为 true 即可。

新增 TestNGTestAnnotationDataProvider 测试类，代码如下所示。

```
package com.lujiatao.c10;

import org.testng.annotations.DataProvider;
import org.testng.annotations.Test;
```

```java
import java.util.concurrent.TimeUnit;

public class TestNGTestAnnotationDataProvider {

    @Test(dataProvider = "dataProvider_001")
    public void testCase_001(int a, int b) throws InterruptedException {
        System.out.println("TestNGTestAnnotationDataProvider >>> testCase_001: " +
Thread.currentThread().getId());
        TimeUnit.SECONDS.sleep(a + b);
    }

    @DataProvider(name = "dataProvider_001", parallel = true)
    public Object[][] dataProvider_001() {
        return new Object[][]{
                new Object[]{1, 0},
                new Object[]{1, 1},
                new Object[]{1, 2}
        };
    }

}
```

执行 testCase_001(int a, int b)测试方法后，可看到控制台输出 3 个线程号，因此对测试方法的 3 次调用是并行执行的。

数据提供者的并行执行模式默认的并行执行数最大为 10，可通过<suite>标签的 data-provider-thread-count 属性来指定数量。为此修改 testng.xml 文件，删除<suite>标签的 parallel、thread-count 和 time-out 属性，删除第 2 个<test>标签，并将第 1 个<test>标签中的测试类改为 TestNGTestAnnotationDataProvider，最后新增<suite>标签的 data-provider-thread-count 属性，将其值设置为 2。修改后的 testng.xml 文件内容如下所示。

```xml
<?xml version="1.0" encoding="UTF-8"?>
<!DOCTYPE suite SYSTEM "http://testng.org/testng-1.0.dtd">
<suite name="Suite" data-provider-thread-count="2">
    <test name="Test">
        <classes>
            <class name="com.lujiatao.c10.TestNGTestAnnotationDataProvider"/>
        </classes>
    </test>
</suite>
```

使用 testng.xml 文件执行 TestNG 测试用例，可以发现 3 次调用测试方法用了 2 个线程。

10.3 JUnit 并行执行

JUnit 默认关闭了并行执行，若要并行执行测试用例需手动开启开关。为此在 chapter-10 模块的/src/test/resources 目录新增 junit-platform. properties 配置文件，文件内容如下所示。

```
junit.jupiter.execution.parallel.enabled=true
```

开启开关只是实现并行执行测试用例的第一步，如果不做其他设置，那么测试用例仍然是串行执行的。

10.3.1 并行执行策略

JUnit 有 4 种并行执行策略。

1）所有测试方法并行执行。

2）测试类并行执行，但每个测试类中的测试方法是串行执行。

3）测试类串行执行，但每个测试类中的测试方法是并行执行。

4）所有测试方法串行执行。

1. 所有测试方法并行执行

junit-platform. properties 配置文件内容如下所示。

```
junit.jupiter.execution.parallel.enabled=true
junit.jupiter.execution.parallel.mode.default=concurrent
junit.jupiter.execution.parallel.mode.classes.default=concurrent
```

为了演示以上并行执行策略，新增 JUnitTest1 和 JUnitTest2 测试类。

JUnitTest1 测试类代码如下所示。

```
package com.lujiatao.c10;

import org.junit.jupiter.api.Test;

import java.util.concurrent.TimeUnit;

public class JUnitTest1 {

    @Test
    void testCase_001() throws InterruptedException {
```

```
            System.out.println("JUnitTest1 >>> testCase_001: " + Thread.currentThread()
.getId());
            TimeUnit.SECONDS.sleep(1);
        }

        @Test
        void testCase_002() throws InterruptedException {
            System.out.println("JUnitTest1 >>> testCase_002: " + Thread.currentThread()
.getId());
            TimeUnit.SECONDS.sleep(2);
        }

    }
```

JUnitTest2 测试类代码如下所示。

```
package com.lujiatao.c10;

import org.junit.jupiter.api.Test;

import java.util.concurrent.TimeUnit;

public class JUnitTest2 {

    @Test
    void testCase_001() throws InterruptedException {
        System.out.println("JUnitTest2 >>> testCase_001: " + Thread.currentThread()
.getId());
        TimeUnit.SECONDS.sleep(1);
    }

    @Test
    void testCase_002() throws InterruptedException {
        System.out.println("JUnitTest2 >>> testCase_002: " + Thread.currentThread()
.getId());
        TimeUnit.SECONDS.sleep(2);
    }

}
```

执行以上 JUnit 测试用例，执行后控制台输出如图 10-6 所示。

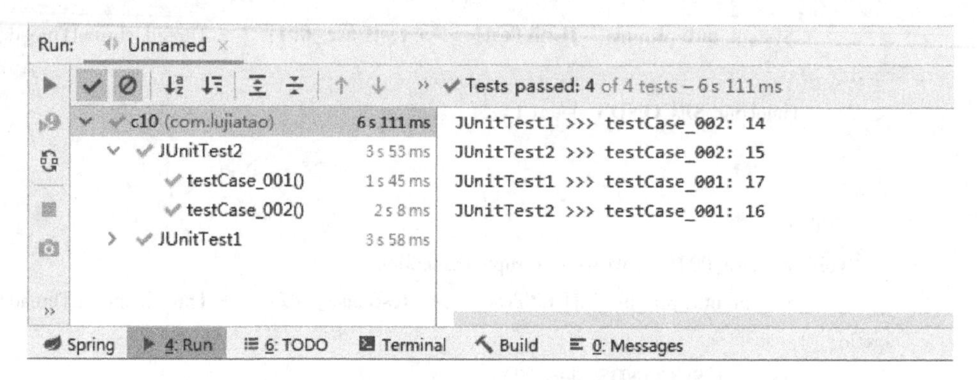

图 10-6 所有测试方法并行执行

可以看到两个测试类中一共有 4 个测试方法，JUnit 使用了 4 个线程来并行执行这 4 个测试方法。

2. 测试类并行执行，但每个测试类中的测试方法是串行执行

junit-platform. properties 配置文件内容如下所示。

```
junit.jupiter.execution.parallel.enabled=true
junit.jupiter.execution.parallel.mode.default=same_thread
junit.jupiter.execution.parallel.mode.classes.default=concurrent
```

重新执行 JUnit 测试用例，执行后控制台输出如图 10-7 所示。

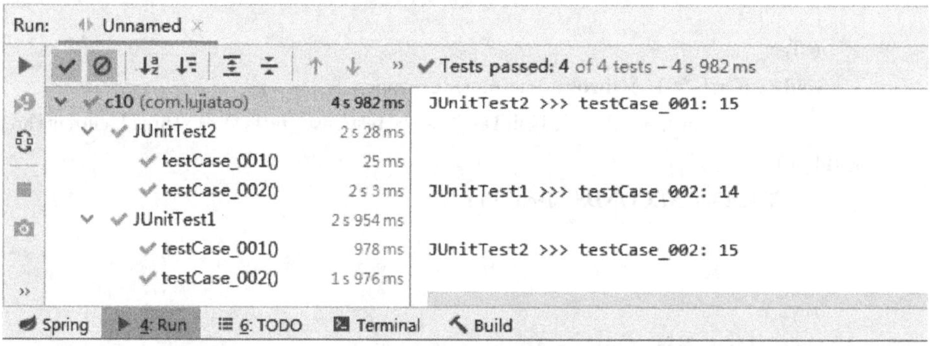

图 10-7 测试类并行执行

可以看到同一个测试类中的测试方法是串行执行的，但测试类是并行执行的。

3. 测试类串行执行，但每个测试类中的测试方法是并行执行

junit-platform. properties 配置文件内容如下所示。

```
junit.jupiter.execution.parallel.enabled=true
junit.jupiter.execution.parallel.mode.default=concurrent
```

junit. jupiter. execution. parallel. mode. classes. default = same_thread

重新执行 JUnit 测试用例，执行后控制台输出如图 10-8 所示。

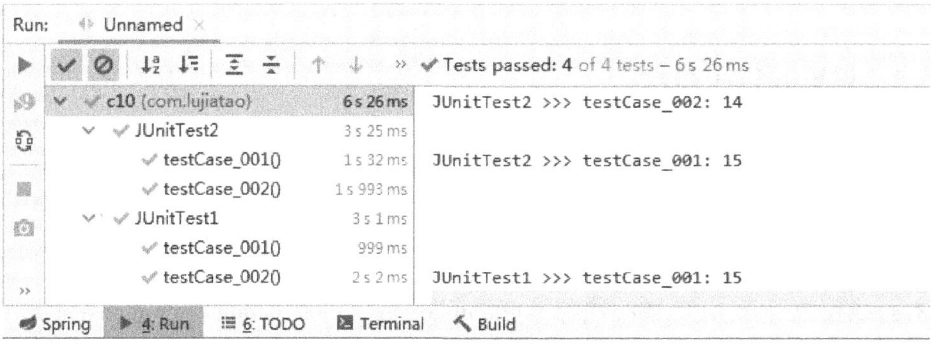

```
Run:  Unnamed
✓ Tests passed: 4 of 4 tests – 6 s 26 ms
c10 (com.lujiatao)      6 s 26 ms    JUnitTest2 >>> testCase_002: 14
  JUnitTest2            3 s 25 ms
    testCase_001()      1 s 32 ms    JUnitTest2 >>> testCase_001: 15
    testCase_002()      1 s 993 ms
  JUnitTest1            3 s 1 ms
    testCase_001()      999 ms
    testCase_002()      2 s 2 ms     JUnitTest1 >>> testCase_001: 15
Spring  4: Run  6: TODO  Terminal  Build
```

图 10-8　同一个类中的测试方法并行执行

可以看到同一个测试类中的测试方法是并行执行的，但测试类是串行执行的。

4. 所有测试方法串行执行

junit-platform. properties 配置文件内容如下所示。

junit. jupiter. execution. parallel. enabled = true
junit. jupiter. execution. parallel. mode. default = same_thread
junit. jupiter. execution. parallel. mode. classes. default = same_thread

该策略相当于不使用并行执行策略，因为 JUnit 默认就采用所有测试方法串行执行的策略。

重新执行 JUnit 测试用例，执行后控制台输出如图 10-9 所示。

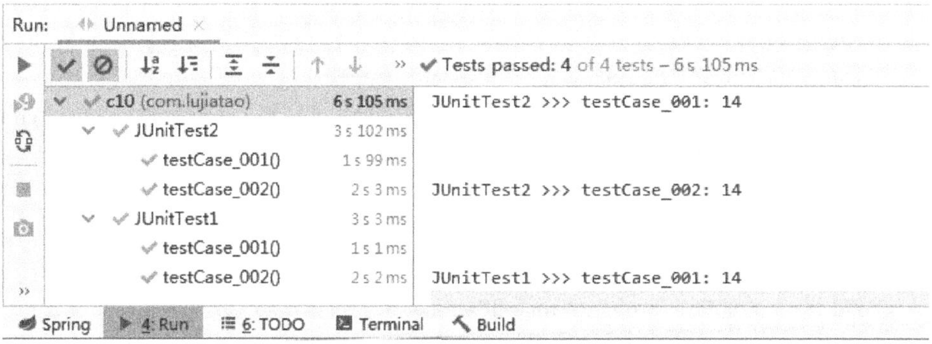

```
Run:  Unnamed
✓ Tests passed: 4 of 4 tests – 6 s 105 ms
c10 (com.lujiatao)      6 s 105 ms   JUnitTest2 >>> testCase_001: 14
  JUnitTest2            3 s 102 ms
    testCase_001()      1 s 99 ms
    testCase_002()      2 s 3 ms     JUnitTest2 >>> testCase_002: 14
  JUnitTest1            3 s 3 ms
    testCase_001()      1 s 1 ms
    testCase_002()      2 s 2 ms     JUnitTest1 >>> testCase_001: 14
Spring  4: Run  6: TODO  Terminal  Build
```

图 10-9　所有测试方法串行执行

对于以上 4 种并行执行策略，如果 junit. jupiter. execution. parallel. mode. default 与 junit. jupiter. execution. parallel. mode. classes. default 的值一致，可省略后者，即默认状态下后者的值是与前者一致的。

另外，如果测试实例生命周期使用按类方式或使用了 MethodOrderer 对测试方法进行了排序，那么需要配合@ Execution 注解才能实现并行执行，具体请参见 10. 3. 4 节。

10. 3. 2 设置并行线程数

JUnit 有动态、固定和自定义 3 种方式设置并行线程数。

1. 动态

并行线程数等于 CPU 核心数与 junit. jupiter. execution. parallel. config. dynamic. factor 值的乘积，JUnit 默认使用该方式，且 junit.jupiter.execution.parallel. config. dynamic. factor 值默认为 1。

由于笔者计算机的 CPU 为双核四线程，因此默认的并行线程数应该为 4。为了证实该推断，首先在 junit-platform. properties 配置文件中配置以下内容。

```
junit.jupiter.execution.parallel.enabled = true
junit.jupiter.execution.parallel.mode.default = concurrent
```

然后在 JUnitTest1 测试类中新增 3 个测试方法，代码如下所示。

```
@Test
void testCase_003() throws InterruptedException {
    System.out.println("JUnitTest1 >>> testCase_003: " + Thread.currentThread().getId());
    TimeUnit.SECONDS.sleep(3);
}

@Test
void testCase_004() throws InterruptedException {
    System.out.println("JUnitTest1 >>> testCase_004: " + Thread.currentThread().getId());
    TimeUnit.SECONDS.sleep(4);
}

@Test
void testCase_005() throws InterruptedException {
    System.out.println("JUnitTest1 >>> testCase_005: " + Thread.currentThread().getId());
    TimeUnit.SECONDS.sleep(5);
}
```

最后执行 JUnitTest1 测试类，从图 10-10 的执行结果可以看出，JUnit 只开启了 4 个线程来运行这 5 个测试方法。

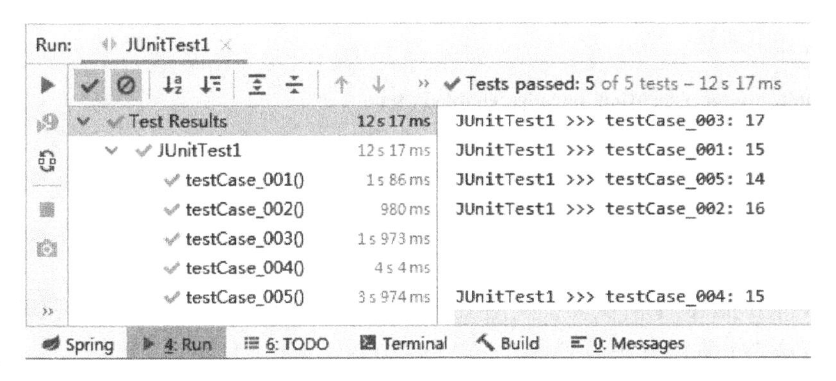

图 10-10　使用默认的动态策略值

接下来调整并行线程数。为此修改 junit-platform. properties 文件，新增以下配置。

```
junit.jupiter.execution.parallel.config.strategy=dynamic
junit.jupiter.execution.parallel.config.dynamic.factor=2
```

重新执行 JUnitTest1 测试类，从图 10-11 的执行结果可以看出，JUnit 开启了 5 个线程来运行这 5 个测试方法。

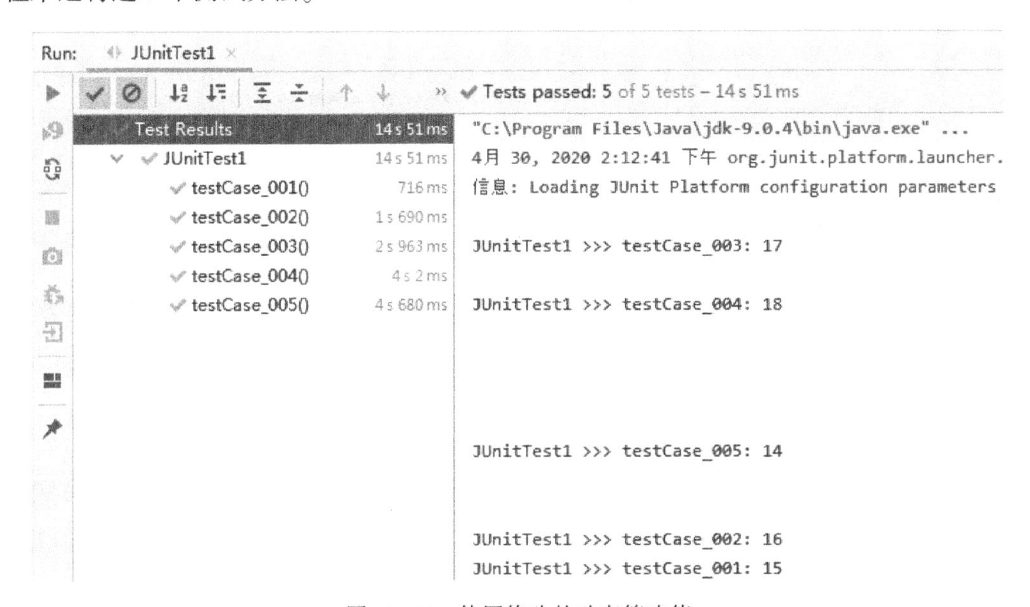

图 10-11　使用修改的动态策略值

由于 junit. jupiter. execution. parallel. config. dynamic. factor 的值为 2，因此此时的最大并行线程数为 8，在测试方法不超过 8 个的情况下将会并行执行所有测试方法。

2. 固定

直接使用配置的数量作为并行线程数。比如将 junit-platform. properties 配置文件的内容修改为如下所示。

```
junit.jupiter.execution.parallel.enabled=true
junit.jupiter.execution.parallel.mode.default=concurrent
junit.jupiter.execution.parallel.config.strategy=fixed
junit.jupiter.execution.parallel.config.fixed.parallelism=2
```

那么此时的并行线程数为 2。

重新执行 JUnitTest1 测试类，从图 10-12 的执行结果可以看出，JUnit 只开启了 2 个线程来运行这 5 个测试方法。

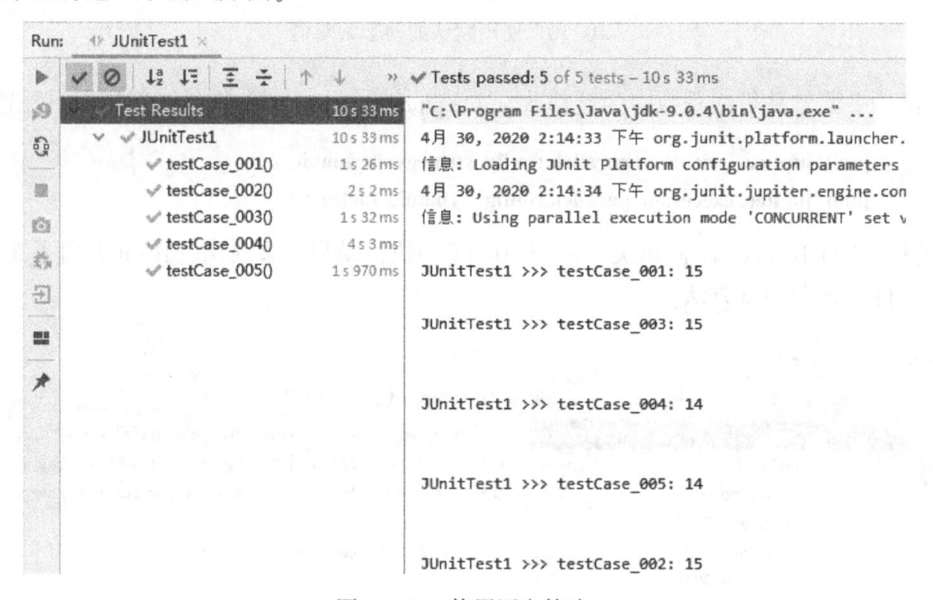

图 10-12 使用固定策略

3. 自定义

自定义设置并行线程数需要实现 ParallelExecutionConfigurationStrategy 接口，重写其 createConfiguration（ConfigurationParameters configurationParameters）方法。由于该方法返回 ParallelExecutionConfiguration 类型的返回值，而 ParallelExecutionConfiguration 是一个接口，因此需要先实现该接口。

新增 ParallelExecutionConfiguration 接口的实现类 MyParallelConfiguration，其代码如下所示。

```
package com.lujiatao.c10;

import org.junit.platform.engine.support.hierarchical.ParallelExecutionConfiguration;

public class MyParallelConfiguration implements ParallelExecutionConfiguration {
```

```
    private int parallelism;
    private int minimumRunnable;
    private int maxPoolSize;
    private int corePoolSize;
    private int keepAliveSeconds;

    public MyParallelConfiguration(int parallelism, int minimumRunnable, int maxPoolSize, int
corePoolSize, int keepAliveSeconds) {
        this.parallelism = parallelism;
        this.minimumRunnable = minimumRunnable;
        this.maxPoolSize = maxPoolSize;
        this.corePoolSize = corePoolSize;
        this.keepAliveSeconds = keepAliveSeconds;
    }

    @Override
    public int getParallelism() {
        return parallelism;
    }

    @Override
    public int getMinimumRunnable() {
        return minimumRunnable;
    }

    @Override
    public int getMaxPoolSize() {
        return maxPoolSize;
    }

    @Override
    public int getCorePoolSize() {
        return corePoolSize;
    }

    @Override
    public int getKeepAliveSeconds() {
        return keepAliveSeconds;
    }

}
```

以上代码中的 5 个属性解释如下。

1） parallelism：并行线程数。

2） minimumRunnable：最小可运行线程数。

3） maxPoolSize：线程池最大容量。

4） corePoolSize：线程池最小（初始化）容量。

5） keepAliveSeconds：空闲线程存活的秒数。

新增 MyParallel 类，其实现至 ParallelExecutionConfigurationStrategy 接口，代码如下所示。

```
package com.lujiatao.c10;

import org.junit.platform.engine.ConfigurationParameters;
import org.junit.platform.engine.support.hierarchical.ParallelExecutionConfiguration;
import org.junit.platform.engine.support.hierarchical.ParallelExecutionConfigurationStrategy;

public class MyParallel implements ParallelExecutionConfigurationStrategy {

    @Override
    public ParallelExecutionConfiguration createConfiguration(ConfigurationParameters configurationParameters) {
        return new MyParallelConfiguration(2, 2, 2, 2, 10);
    }

}
```

出于简便目的，以上将 MyParallelConfiguration 类的构造函数参数直接硬编码在了代码中。

将 junit-platform.properties 配置文件修改为如下所示内容。

```
junit.jupiter.execution.parallel.enabled=true
junit.jupiter.execution.parallel.mode.default=concurrent
junit.jupiter.execution.parallel.config.strategy=custom
junit.jupiter.execution.parallel.config.custom.class=com.lujiatao.c10.MyParallel
```

junit.jupiter.execution.parallel.config.strategy 的值为 custom 表示自定义设置并行线程数。junit.jupiter.execution.parallel.config.custom.class 的值为 ParallelExecutionConfigurationStrategy 实现类，此处为 MyParallel。

重新执行 JUnitTest1 测试类，执行结果与图 10-12 一致。

10.3.3 使用@ResourceLock 注解

当使用并行执行时，很容易出现资源冲突。为此 JUnit 提供了一种声明式同步机制来避免冲突的发生，使用方法是在测试类或测试方法上使用@ ResourceLock 注解显式指定资源类型及访问模式。可自定义资源类型或使用内置的资源类型，内置的资源类型有5 种。

1）SYSTEM_PROPERTIES：Java 系统属性。

2）SYSTEM_OUT：当前进程的标准输出流。

3）SYSTEM_ERR：当前进程的标准错误流。

4）LOCALE：JVM 当前实例的默认语言环境。

5）TIME_ZONE：JVM 当前实例的默认时区。

访问模式只有 READ_WRITE（默认）和 READ，分别表示可读写和只读。

以下以 SYSTEM_PROPERTIES 资源类型为例介绍使用@ ResourceLock 注解的必要性。

将 junit-platform. properties 配置文件的内容修改为如下所示。

```
junit.jupiter.execution.parallel.enabled=true
junit.jupiter.execution.parallel.mode.default=concurrent
```

新增 JUnitTestAnnotationResourceLock 测试类，代码如下所示。

```
package com.lujiatao.c10;

import org.junit.jupiter.api.AfterEach;
import org.junit.jupiter.api.BeforeEach;
import org.junit.jupiter.api.Test;

import java.util.Properties;

import static org.junit.jupiter.api.Assertions.assertEquals;
import static org.junit.jupiter.api.Assertions.assertNull;

public class JUnitTestAnnotationResourceLock {

    private Properties properties;

    @BeforeEach
    void setUp() {
        properties = new Properties();
        properties.putAll(System.getProperties());
    }

    @Test
    void testCase_001() {
```

```
        assertNull(System.getProperty("my.property"));
    }

    @Test
    void testCase_002() {
        System.setProperty("my.property", "TestNG");
        assertEquals("TestNG", System.getProperty("my.property"));
    }

    @Test
    void testCase_003() {
        System.setProperty("my.property", "JUnit");
        assertEquals("JUnit", System.getProperty("my.property"));
    }

    @AfterEach
    void tearDown() {
        System.setProperties(properties);
    }

}
```

由于以上代码没有使用同步机制，导致多次执行的结果不一致，有时所有测试方法执行成功（见图 10-13），有时部分测试方法执行失败（见图 10-14）。

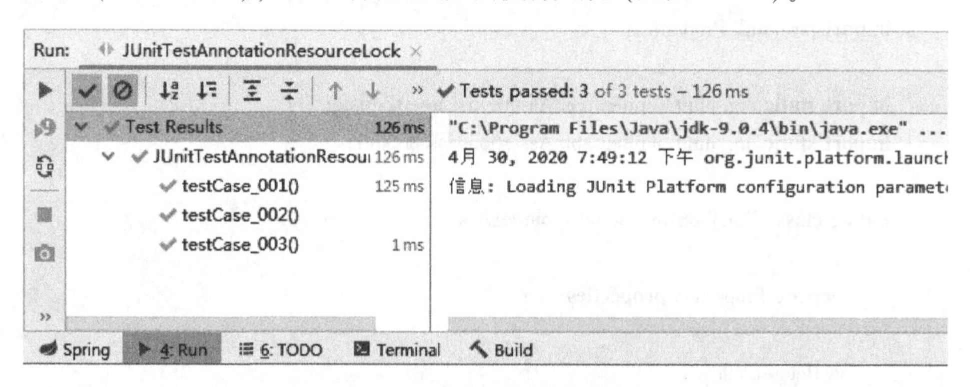

图 10-13　测试方法全部执行通过

修改 JUnitTestAnnotationResourceLock 测试类，加入同步机制，修改后的代码如下所示。

```
//省略 package 和 import 语句

public class JUnitTestAnnotationResourceLock {
```

```
    //省略其他代码

    @Test
    @ResourceLock(value = SYSTEM_PROPERTIES, mode = READ)
    void testCase_001() {
        assertNull(System.getProperty("my.property"));
    }

    @Test
    @ResourceLock(SYSTEM_PROPERTIES)
    void testCase_002() {
        System.setProperty("my.property", "TestNG");
        assertEquals("TestNG", System.getProperty("my.property"));
    }

    @Test
    @ResourceLock(SYSTEM_PROPERTIES)
    void testCase_003() {
        System.setProperty("my.property", "JUnit");
        assertEquals("JUnit", System.getProperty("my.property"));
    }

    //省略其他代码

}
```

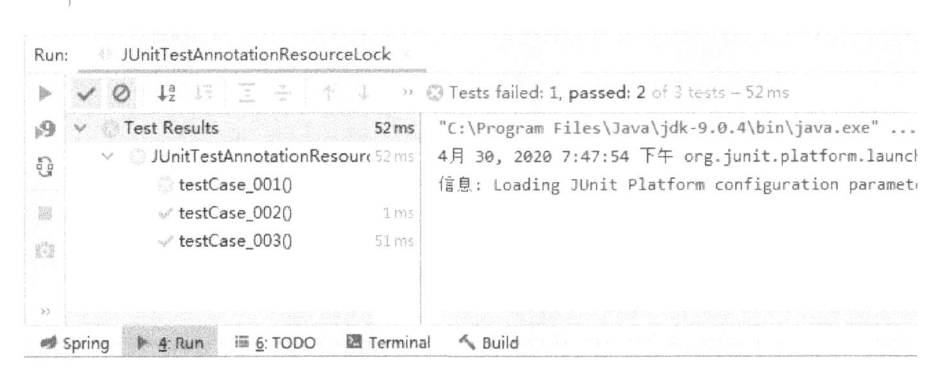

图 10-14　测试方法部分执行通过

重新多次执行 JUnitTestAnnotationResourceLock 测试类，未出现测试方法执行失败的情况，因此说明设置的同步机制生效了。

10.3.4 使用@Execution注解

除了使用junit-platform.properties配置文件来配置并行执行策略，还可以使用@Execution注解，前者用于全局配置，而后者用于局部配置。

1. 覆盖策略

如果同时使用了junit-platform.properties配置文件和@Execution注解可能出现后者覆盖前者的情况。

新增JUnitTestAnnotationExecution测试类，代码如下所示。

```
package com.lujiatao.c10;

import org.junit.jupiter.api.Test;
import org.junit.jupiter.api.parallel.Execution;

import java.util.concurrent.TimeUnit;

import static org.junit.jupiter.api.parallel.ExecutionMode.SAME_THREAD;

@Execution(SAME_THREAD)
public class JUnitTestAnnotationExecution {

    @Test
    void testCase_001() throws InterruptedException {
        System.out.println("JUnitTestAnnotationExecution >>> testCase_001: " + 
Thread.currentThread().getId());
        TimeUnit.SECONDS.sleep(1);
    }

    @Test
    void testCase_002() throws InterruptedException {
        System.out.println("JUnitTestAnnotationExecution >>> testCase_002: " + 
Thread.currentThread().getId());
        TimeUnit.SECONDS.sleep(2);
    }

}
```

保持junit-platform.properties配置文件内容不变，执行JUnitTestAnnotationExecution测试类，可以看到两个测试方法不是并行执行而是串行执行的，说明@Execution注解覆盖了 junit-platform. properties 配置文件中配置的并行执行策略，执行结果如图 10-15 所示。

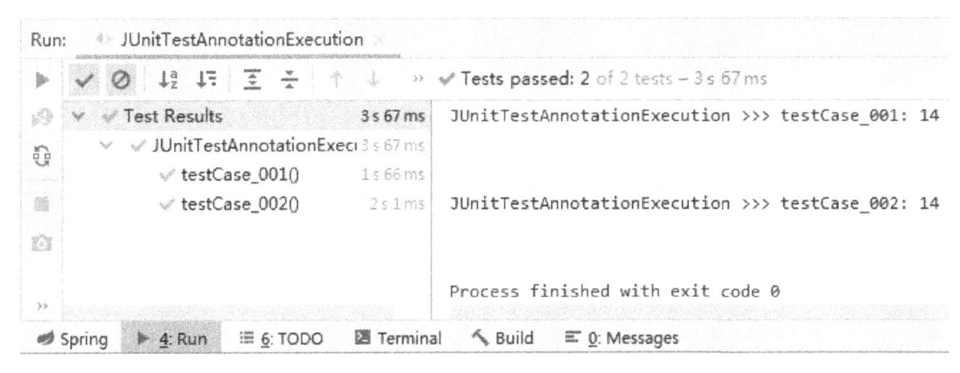

图 10-15　将并行执行策略覆盖为串行执行

删除 junit-platform. properties 配置文件中的 junit.jupiter.execution.parallel.mode.default 配置，将@ Execution(SAME_THREAD)修改为@ Execution(CONCURRENT)。重新执行 JUnitTestAnnotationExecution 测试类，可以看到此时两个测试方法是并行执行的，如图 10-16 所示。

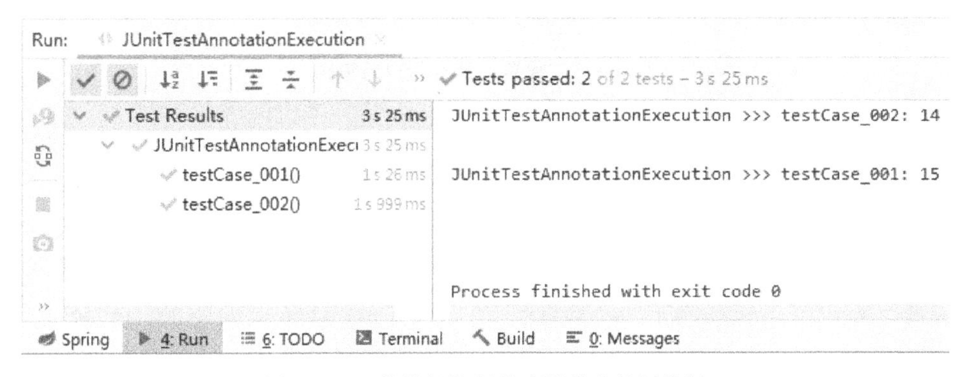

图 10-16　将并行执行策略覆盖为并行执行

2. 设置局部并行执行策略

如果测试类中部分测试方法需要并行执行，而另一部分测试方法不需要并行执行，那么使用 junit-platform. properties 配置文件是无法设置的，而使用@ Execution 注解就很容易做到。

修改 JUnitTestAnnotationExecution 测试类，新增 testCase_003()测试方法，代码如下所示。

```
@Test
@Execution(SAME_THREAD)
```

```
void testCase_003() throws InterruptedException {
        System.out.println("JUnitTestAnnotationExecution >>> testCase_003: " +
Thread.currentThread().getId());
        TimeUnit.SECONDS.sleep(3);
}
```

修改 testCase_002()测试方法，增加@ Execution(SAME_THREAD)注解。

重新执行 JUnitTestAnnotationExecution 测试类，可以看到此时 testCase_002() 和 testCase_003()测试方法是串行执行的，而 testCase_001()测试方法在另一个线程中并行执行，如图 10-17 所示。

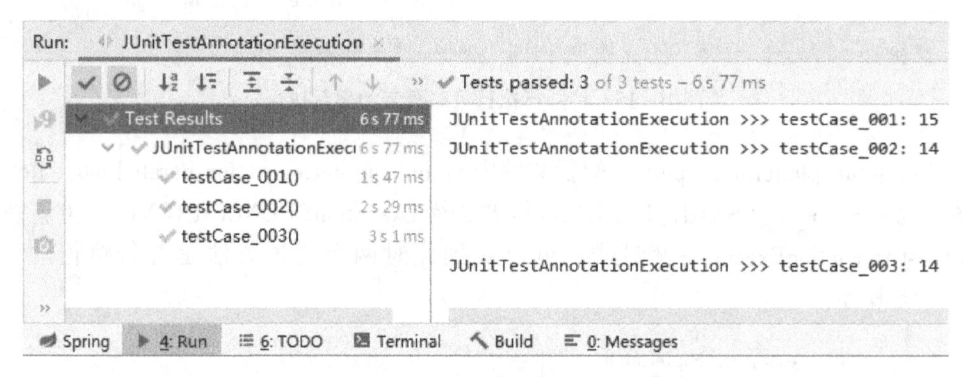

图 10-17　设置局部并行执行策略

3. 异常场景

在“10.3.1 并行执行策略”中曾提到如果测试实例生命周期使用按类方式或使用了 MethodOrderer 对测试方法进行了排序，那么需要配合@ Execution 注解才能实现并行执行。

修改 junit-platform.properties 配置文件，使用所有测试方法并行执行的策略，并将测试实例生命周期修改为按类方式，修改后的文件内容如下所示。

```
junit.jupiter.execution.parallel.enabled=true
junit.jupiter.execution.parallel.mode.default=concurrent
junit.jupiter.testinstance.lifecycle.default=per_class
```

修改 JUnitTestAnnotationExecution 测试类，删除其中的所有@ Execution 注解。

重新执行 JUnitTestAnnotationExecution 测试类，可以看到所有测试方法都是串行执行的，并没有按预期的并行执行策略来执行，如图 10-18 所示。

修改 JUnitTestAnnotationExecution 测试类，在类级别新增@ Execution(CONCURRENT)注解。

重新执行 JUnitTestAnnotationExecution 测试类，此时所有测试方法按预期并行执行了，如图 10-19 所示。

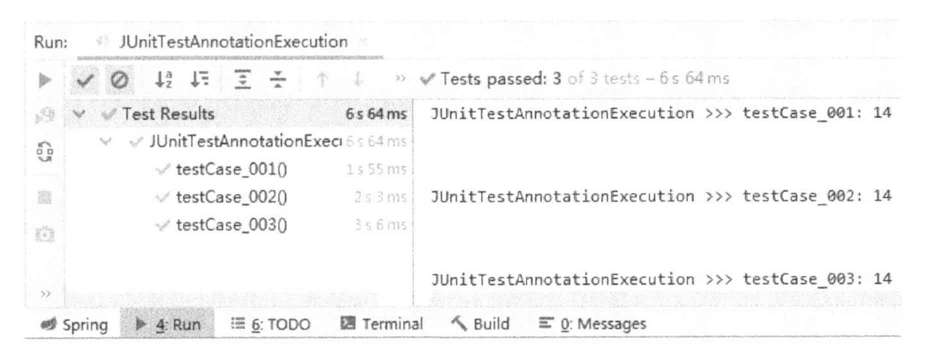

图 10-18　并行执行策略失效

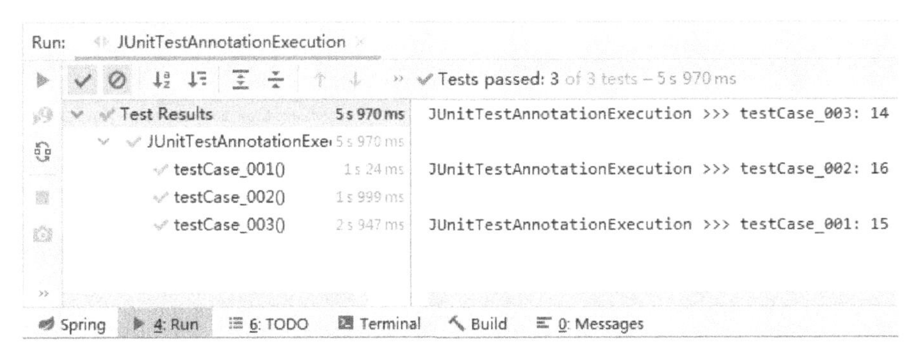

图 10-19　并行执行策略生效

修改 JUnitTestAnnotationExecution 测试类，删除@ Execution(CONCURRENT)注解，并增加测试顺序，修改后的代码如下所示。

```
//省略 package 和 import 语句

@TestMethodOrder(MethodOrderer.OrderAnnotation.class)
public class JUnitTestAnnotationExecution {

    @Test
    @Order(2)
    void testCase_001() throws InterruptedException {
        //省略其他代码
    }

    @Test
    @Order(3)
    void testCase_002() throws InterruptedException {
        //省略其他代码
    }
```

```
    @ Test
    @ Order(1)
    void testCase_003() throws InterruptedException {
        //省略其他代码
    }

}
```

删除 junit. jupiter. testinstance. lifecycle. default 配置。

重新执行 JUnitTestAnnotationExecution 测试类，可以看到所有测试方法都是串行执行的，同样没有按预期的并行执行策略来执行，如图 10-20 所示。

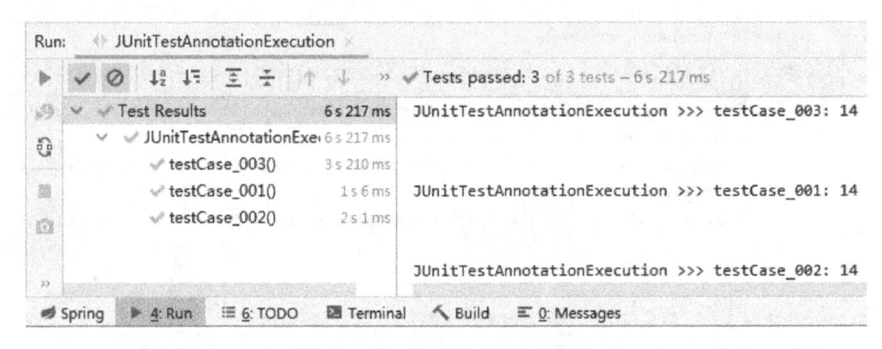

图 10-20　并行执行策略失效

修改 JUnitTestAnnotationExecution 测试类，在类级别新增@ Execution(CONCURRENT)注解。

重新执行 JUnitTestAnnotationExecution 测试类，此时所有测试方法按预期并行执行了，如图 10-21 所示。

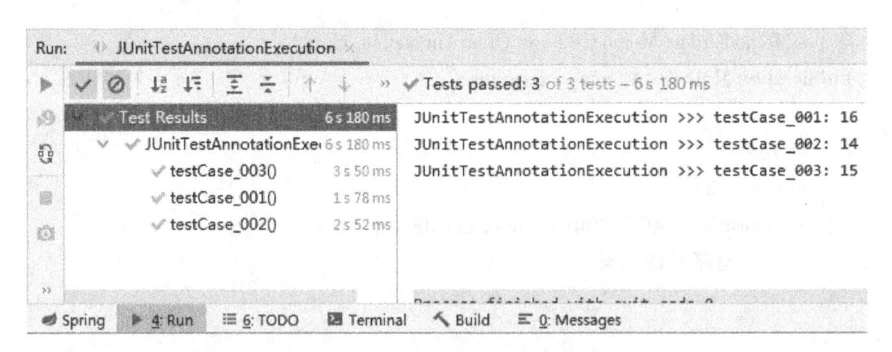

图 10-21　并行执行策略生效

以上演示了 MethodOrderer. OrderAnnotation 策略，读者可自行验证 MethodOrderer. Alphanumeric 和 MethodOrderer. Random 策略，它们也需要配合@ Execution 注解才能实现并行执行。

10.4　Selenium Grid

Selenium Grid 是 Selenium 的子项目之一，其用于在多个节点分发并执行自动化测试用例。如果需要在多种操作系统和多种浏览器上执行自动化测试用例，使用 Selenium Grid 可提高测试执行的效率。Selenium Grid 由 Selenium Hub 和 Selenium Node 组成，如图 10-22 所示。

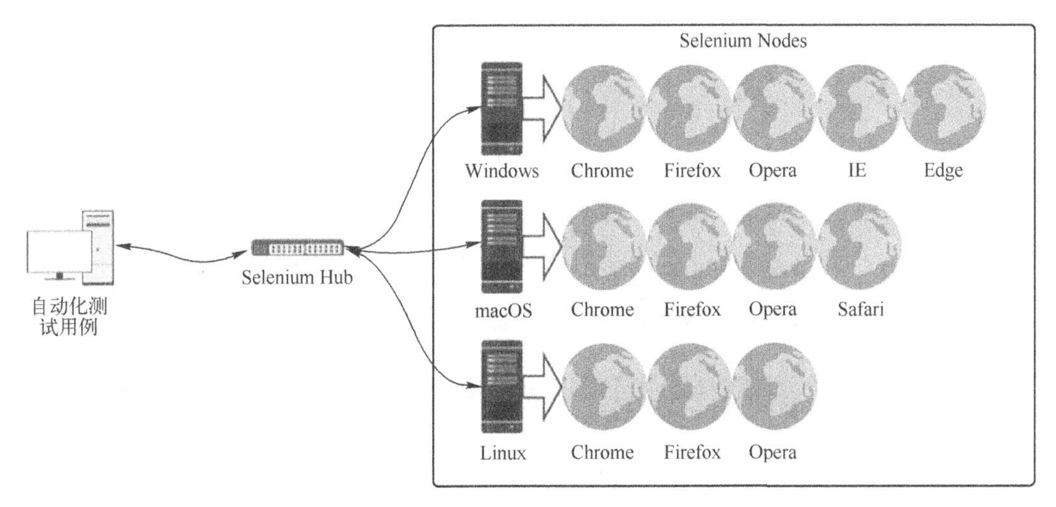

图 10-22　Selenium Grid 结构

1）Selenium Hub：管理 Selenium Node。接收自动化测试代码发送的请求，并将请求分发给 Selenium Node。每个 Selenium Grid 仅有一个 Selenium Hub。

2）Selenium Node：向 Selenium Hub 注册。接收 Selenium Hub 发送的请求并执行相应的指令。每个 Selenium Grid 可以有一个或多个 Selenium Node。

10.4.1　准备

笔者使用了装有不同操作系统的 3 台计算机来演示 Selenium Grid 的使用，分别如下。

1）Windows 7 笔记本（以下简称计算机 A）：IP 地址为 192.168.3.12，自动化测试用例及 Selenium Hub 均在该计算机上。

2）Windows 10 台式计算机（以下简称计算机 B）：IP 地址为 192.168.3.101，充当 Selenium Node，安装有 Chrome（版本 81.0.4044.129）、Firefox（版本 75.0）、IE（版本 11.1176.10586.0）和 Edge（版本 25.10586.672.0）。

3）macOS 10.14 笔记本（以下简称计算机 C）：IP 地址为 192.168.3.9，充当 Selenium Node，安装有 Chrome（版本 81.0.4044.129）、Firefox（版本 75.0）和 Safari（版本 13.0.4）。

Selenium Hub 和 Selenium Node 均需要 Selenium Server 来提供服务，因此要使用 Selenium Grid 需要先下载 Selenium Server，其下载地址为：https://www.selenium.dev/downloads/。

下载后笔者将 selenium-server-standalone-3.141.59.jar 文件放在计算机 A 和计算机 B 的 E 盘根目录、计算机 C 的/Users/lujiatao/Downloads 目录，您可根据实际情况修改放置的路径。

10.4.2 控制台和配置

使用以下命令将 Selenium Server 运行于 Selenium Hub 模式。

```
java -jar E:\selenium-server-standalone-3.141.59.jar -role hub
```

访问 http://localhost:4444/grid/console 打开控制台，如图 10-23 所示。

图 10-23　Selenium Grid 控制台

单击“View Config”可查看 Selenium Hub 的运行配置，如图 10-24 所示。

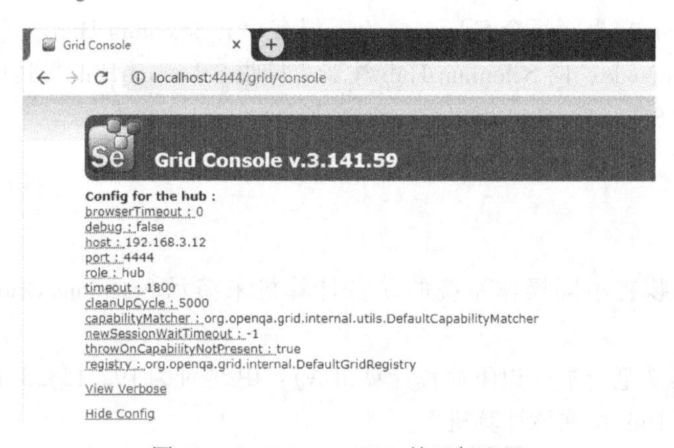

图 10-24　Selenium Hub 的运行配置

这些运行配置是可以修改的，修改方式有两种。

1）使用命令：直接使用命令修改。比如将默认端口号 4444 修改为 4445，可使用以下命令启动 Selenium Server。

```
java -jar E:\selenium-server-standalone-3.141.59.jar -role hub -port 4445
```

2）使用 JSON 文件：将配置以键-值对形式存放在 JSON 文件中，使用以下命令启动 Selenium Server。

```
java -jar E:\selenium-server-standalone-3.141.59.jar -role hub -hubConfig your\path\to\file.json
```

以上命令中的“your\path\to”需要根据实际情况进行路径的替换。

在计算机 B 上执行以下命令，将 Selenium Server 运行于 Selenium Node 模式。

```
java-jar E:\selenium-server-standalone-3.141.59.jar-role node-hub http://192.168.3.12:4444/
```

在计算机 C 上执行以下命令，将 Selenium Server 运行于 Selenium Node 模式。

```
java-jar /Users/lujiatao/Downloads/selenium-server-standalone-3.141.59.jar -role node -hub http://192.168.3.12:4444/
```

刷新控制台，可以看到计算机 B 和计算机 C 上的 Selenium Node 都已经成功注册到了 Selenium Hub 上，如图 10-25 所示。

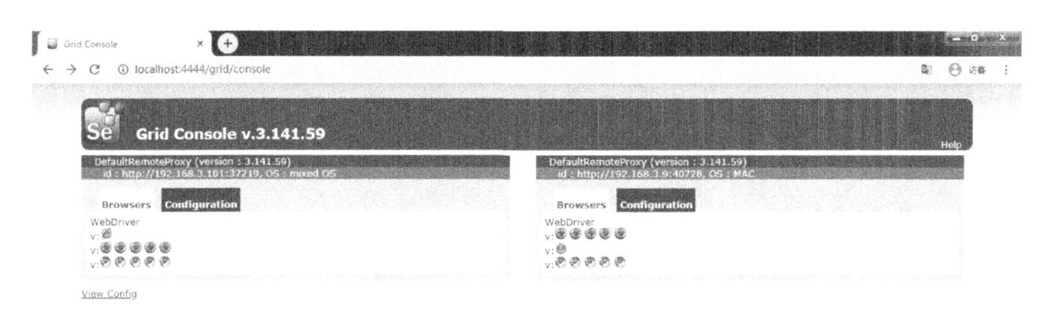

图 10-25　注册到 Selenium Hub 上的 Selenium Node

每个 Selenium Node 都分为三部分信息。

1）基本信息：包括代理、Selenium Node 版本、ID 和操作系统。

2）Browsers：Selenium Node 类型（WebDriver 或 Remote Control）、浏览器及其最大实例数。Chrome 和 Firefox 的默认最大实例数为 5，而 IE 和 Safari 的默认最大实例数为 1。

3）Configuration：Selenium Node 的运行配置。计算机 B 的操作系统显示为 mixed OS，原因是其 capabilities 中的多个 platform 值不一致，如图 10-26 所示。

Selenium Node 的运行配置也是可以修改的，修改方式同样有使用命令和使用 JSON 文件两种。请注意此时指定 JSON 文件的命令不是-hubConfig，而是-nodeConfig。

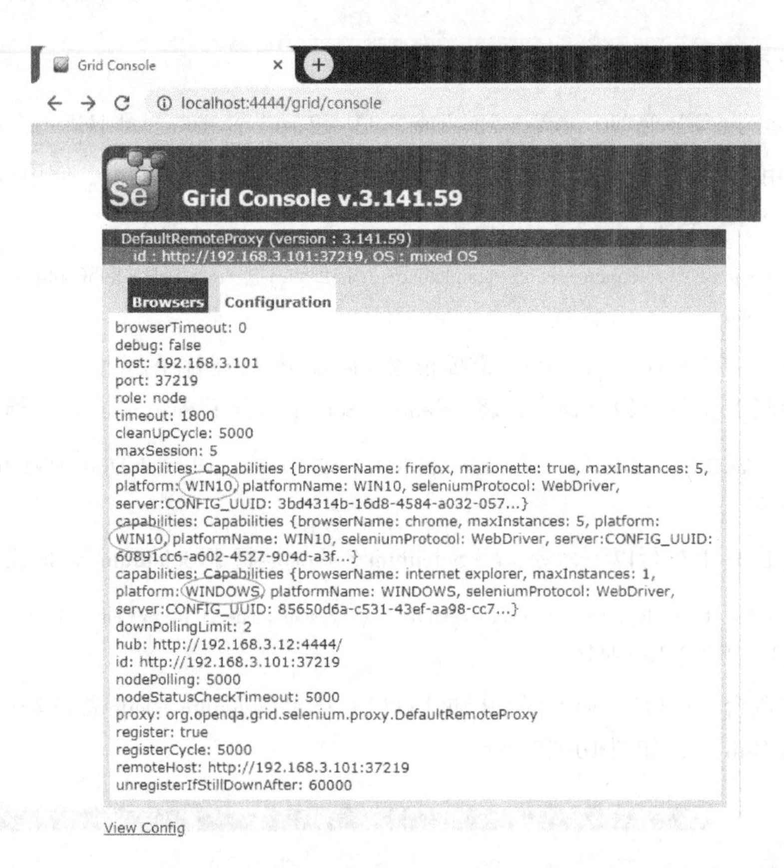

图 10-26　操作系统显示为 mixed OS 的原因

10.4.3　分布式执行

本节将在计算机 A 上运行自动化测试用例，并通过 Selenium Hub 将命令分发给计算机 B 和计算机 C 的 Selenium Node。

新增 SeleniumGridTest 测试类，代码如下所示。

```
package com.lujiatao.c10;

import org.openqa.selenium.WebDriver;
import org.openqa.selenium.chrome.ChromeOptions;
import org.openqa.selenium.remote.RemoteWebDriver;
import org.openqa.selenium.safari.SafariOptions;
import org.testng.annotations.Test;

import java.net.MalformedURLException;
import java.net.URL;
```

```
import static org.testng.Assert.assertEquals;

public class SeleniumGridTest {

    @Test(invocationCount = 10)
    public void testCase_001() throws MalformedURLException {
        ChromeOptions chromeOptions = new ChromeOptions();
        WebDriver driver = new RemoteWebDriver(new URL("http://192.168.3.12:4444/
wd/hub"), chromeOptions);
        driver.get("http://192.168.3.12:9002/login");
        assertEquals(driver.getTitle(), "登录");
        driver.quit();
    }

    @Test(invocationCount = 10)
    public void testCase_002() throws MalformedURLException {
        SafariOptions safariOptions = new SafariOptions();
        WebDriver driver = new RemoteWebDriver(new URL("http://192.168.3.12:4444/
wd/hub"), safariOptions);
        driver.get("http://192.168.3.12:9002/login");
        assertEquals(driver.getTitle(), "登录");
        driver.quit();
    }

}
```

以上代码中 testCase_001()和 testCase_002()测试方法均执行 10 次。由于 Chrome 浏览器在计算机 B 和计算机 C 上均存在，因此 Selenium Hub 会分别分发 5 次给它们；但 Safari 浏览器只有计算机 C 才有，因此 Selenium Hub 会将 10 次执行都分发给计算机 C。

Selenium Grid 对执行效率的提升效果不及并行执行，因为 Selenium Grid 是串行执行测试用例的，但如果 Selenium Grid 中包含几十上百种浏览器与操作系统的组合，就会大大降低兼容性测试的执行时间，因为 Selenium Grid 会将对应的测试用例分发到对应的计算机上执行，而不需要手动控制分发策略。

除了使用 Selenium Grid，Jenkins 也提供了多节点执行自动化测试用例的功能，有关这部分内容请参见 11.3.2 节。

第 11 章 持续集成、持续交付和持续部署

11.1 持续集成、持续交付和持续部署简介

在软件开发生命周期中，经常会使用到 CI 和 CD 两个术语。

CI 指持续集成（Continuous Integration）。持续集成是开发人员频繁将本地代码提交到公共分支，并触发自动化单元测试和自动化集成测试以快速反馈代码质量的一种实践。它是持续交付和持续部署的基础，其目的在于不管如何提交代码，不会影响到软件的核心功能。

CD 指持续交付（Continuous Delivery）或持续部署（Continuous Deployment）。持续交付是持续集成的扩展，它需要完成自动化系统测试和自动化验收测试，使软件处于随时可交付的状态。而持续部署又是持续交付的扩展，因为通过自动化验收测试后，持续交付是手动部署到生产环境的，而持续部署是自动部署到生产环境的。持续部署使软件处于随时可部署的状态。

持续集成、持续交付和持续部署之间的联系和区别如图 11-1 所示。

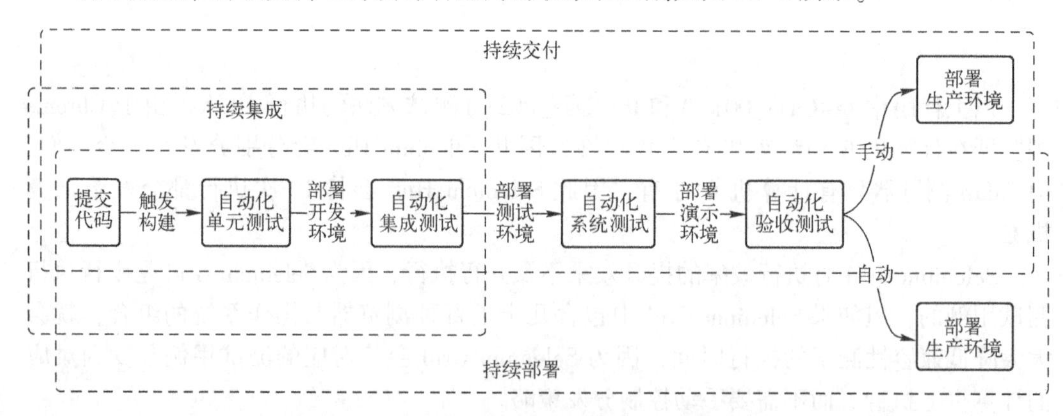

图 11-1 持续集成、持续交付和持续部署的关系

本章以 Jenkins 为例介绍如何实现持续集成、持续交付和持续部署。

11.2　Jenkins 实现持续集成、持续交付和持续部署

11.2.1　Blue Ocean 简介

Blue Ocean 是 Jenkins 的新界面，其非常适合流水线项目的展示，不过 Jenkins 默认使用经典界面，要使用新界面需要安装 Blue Ocean 插件。

安装 Blue Ocean 插件后，可在 Jenkins 主页看到 Blue Ocean 的入口，如图 11-2 所示。

图 11-2　Blue Ocean 入口

单击“打开 Blue Ocean”后进入 Blue Ocean 主页，如图 11-3 所示。

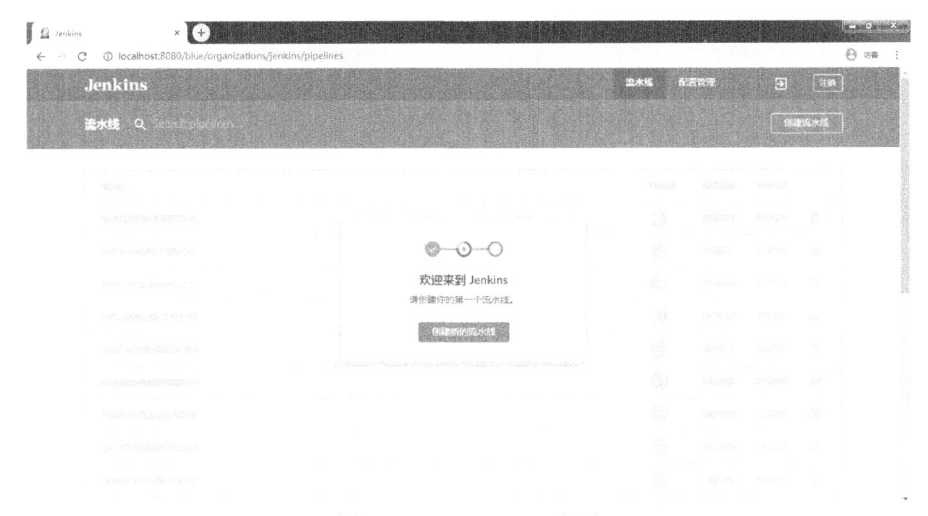

图 11-3　Blue Ocean 主页

11.2.2 使用普通流水线

无论是传统的自由风格项目，还是通过 Maven Integration 插件实现的 Maven 项目对持续集成、持续交付和持续部署的支持度都不是很好，尤其是流程烦琐的持续交付和持续部署，使用它们来实现更加困难。为此 Jenkins 引入了流水线，本节介绍使用普通流水线，下一节将介绍使用多分支流水线。

无论是普通流水线还是多分支流水线，都需要使用到流水线语法，流水线语法支持声明式和脚本式两种语法，通常推荐使用声明式语法。

鉴于 Jenkins 自带的流水线编辑器只提供了极其有限的功能，因此笔者采用直接创建 Jenkinsfile 文件的方式来定义流水线。为此在 chapter-11 模块中新建子模块 common-pipeline，在 common-pipeline 模块根目录新增 Jenkinsfile 文件，文件内容如下所示。

```
pipeline{
    agent any
    stages {
        stage('构建') {
            steps {
                bat 'echo 执行构建！'
            }
        }
        stage('单元测试') {
            steps {
                bat 'echo 执行单元测试！'
            }
        }
        stage('部署开发环境') {
            steps {
                bat 'echo 部署开发环境！'
            }
        }
        stage('集成测试') {
            steps {
                bat 'echo 执行集成测试！'
            }
        }
    }
}
```

对以上流水线语法的解释如下。

1）pipeline：定义声明式流水线。

2）agent：定义代理，这里为全局代理。any 表示在任何可用的代理上执行流水线。

3）stages：阶段集合，可包含多个阶段。以上示例定义了 4 个阶段，分别是构建、单元测试、部署开发环境和集成测试。

4）stage：阶段。定义每个阶段具体要执行的操作。

5）steps：步骤集合，可包含多个步骤。

6）bat：执行 Windows 批处理脚本。

提交 common-pipeline 模块代码到 Git 服务器。

由于使用 Blue Ocean 创建的流水线为多分支流水线，因此本节使用经典界面来创建普通流水线。

创建普通流水线项目时，需在流水线的定义中选择“Pipeline script from SCM”，此项代表从代码仓库获取流水线脚本（即本节的 Jenkinsfile 文件）。然后输入 Git 代码仓库的 URL。

```
http://admin@192.168.3.101:8001/r/common-pipeline.git
```

以上用户名和 Git 服务器为笔者使用的，读者需根据实际情况进行替换。

选择已存在的凭证（或新建凭证），单击“保存”，如图 11-4 所示。

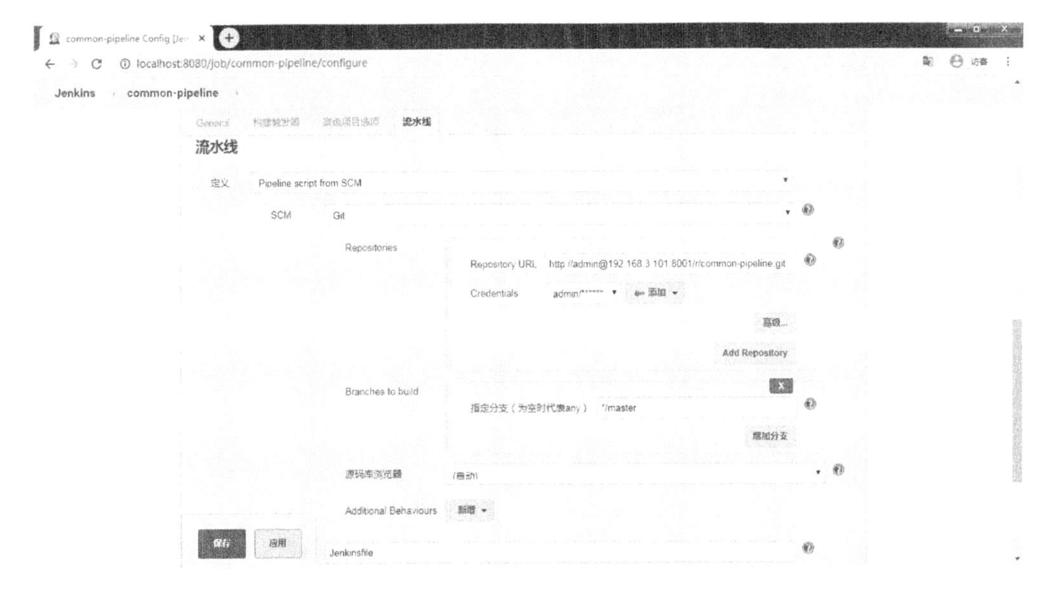

图 11-4　配置普通流水线

手动触发流水线执行，执行结果如图 11-5 所示。建议切换至 Blue Ocean 界面，查看起来更加方便，如图 11-6 所示。此处可以清楚地看见整个流水线的各个阶段，以上所有阶段均执行成功，因此都标记为“√”，且颜色为绿色。

为了演示执行失败的场景，可修改 Jenkinsfile，将集成测试阶段的“bat”改成“sh”。

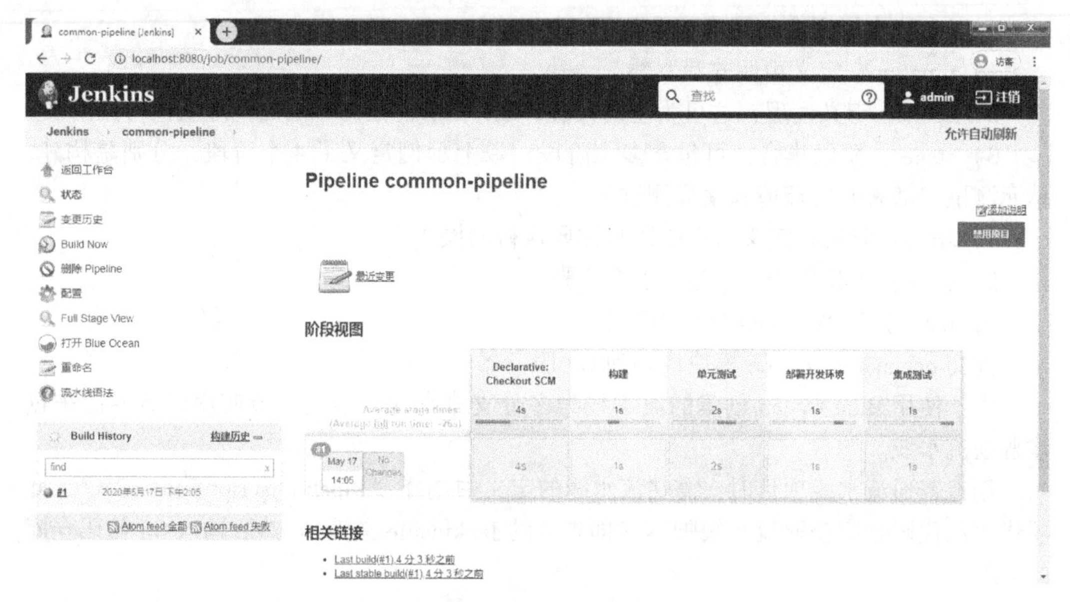

图 11-5 经典界面下普通流水线的执行结果

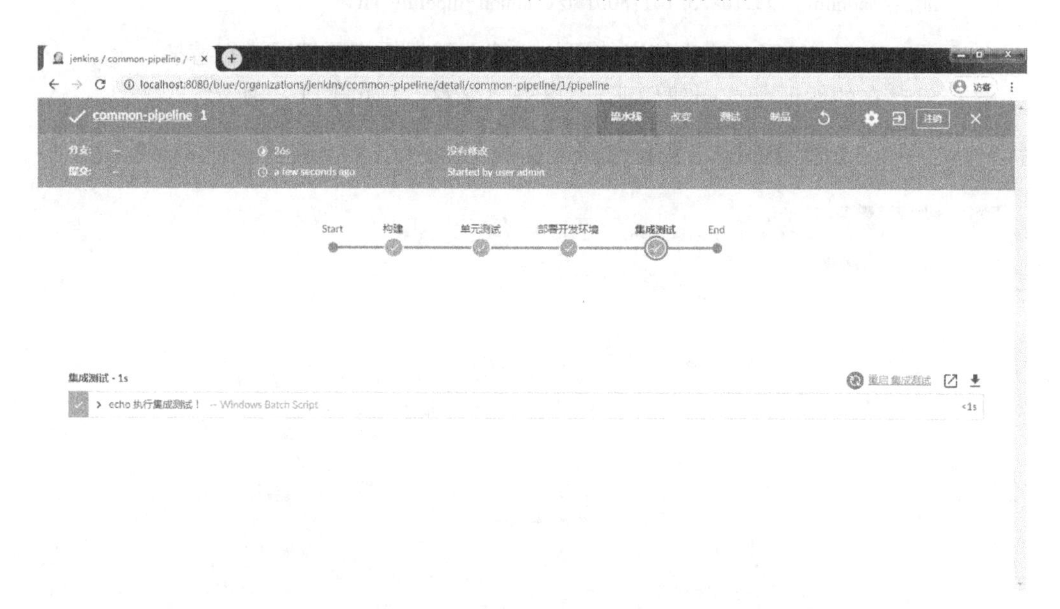

图 11-6 Blue Ocean 界面下普通流水线的执行结果

提交 common-pipeline 模块代码到 Git 服务器，重新执行流水线。执行结果如图 11-7 所示。

由于笔者的 Jenkins 搭建在 Windows 环境上，无法执行 Linux Shell 脚本，因此集成测试阶段执行失败，此时流水线被标记为“×”，且颜色为红色。

以上演示了持续集成的各个阶段，包括构建、单元测试、部署开发环境和集成测试。对于持续交付和持续部署，在以上 Jenkinsfile 文件中增加对应阶段即可，以下是一

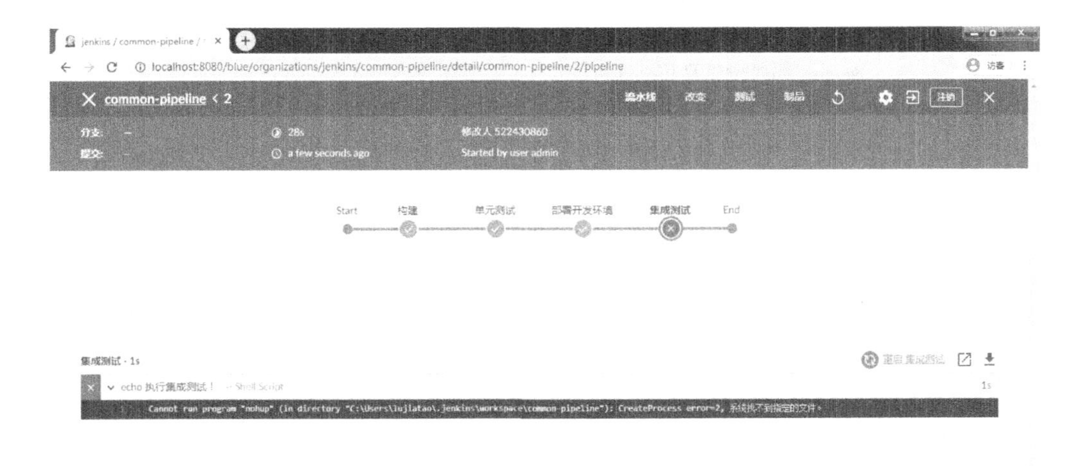

图 11-7　流水线执行失败

个持续交付的示例 Jenkinsfile 文件内容。

```
pipeline{
    agent any
    stages {
        stage('构建') {
            steps {
                bat 'echo 执行构建！'
            }
        }
        stage('单元测试') {
            steps {
                bat 'echo 执行单元测试！'
            }
        }
        stage('部署开发环境') {
            steps {
                bat 'echo 部署开发环境！'
            }
        }
        stage('集成测试') {
            steps {
                bat 'echo 执行集成测试！'
            }
```

```
            }
            stage('部署测试环境') {
                steps {
                    bat 'echo 部署测试环境！'
                }
            }
            stage('系统测试') {
                steps {
                    bat 'echo 执行系统测试！'
                }
            }
            stage('部署演示环境') {
                steps {
                    bat 'echo 部署演示环境！'
                }
            }
            stage('验收测试') {
                steps {
                    bat 'echo 执行验收测试！'
                }
            }
        }
    }
```

对于持续部署，可在持续交付的基础上增加以下阶段。

```
    stage('部署生产环境') {
        steps {
            bat 'echo 部署生产环境！'
        }
    }
```

11.2.3 使用多分支流水线

多分支流水线是普通流水线的扩展。一个代码仓库往往会有多个分支，可使用 dev 分支执行单元测试和集成测试，然后使用 test 分支执行系统测试和验收测试，最后使用 master 分支部署生产环境。

在 chapter-11 模块中新建子模块 multi-branch-pipeline，在 multi-branch-pipeline 模块根目录新增 Jenkinsfile 文件，文件内容如下所示。

```
    pipeline{
```

```
agent any
stages {
    stage('构建') {
        steps {
            bat 'echo 执行构建！'
        }
    }
    stage('单元测试') {
        when {
            branch 'dev'
        }
        steps {
            bat 'echo 执行单元测试！'
        }
    }
    stage('部署开发环境') {
        steps {
            bat 'echo 部署开发环境！'
        }
    }
    stage('集成测试') {
        when {
            branch 'dev'
        }
        steps {
            bat 'echo 执行集成测试！'
        }
    }
    stage('部署测试环境') {
        steps {
            bat 'echo 部署测试环境！'
        }
    }
    stage('系统测试') {
        when {
            branch 'tcst'
        }
        steps {
            bat 'echo 执行系统测试！'
        }
    }
```

```
            stage('部署演示环境') {
                steps {
                    bat 'echo 部署演示环境！'
                }
            }
            stage('验收测试') {
                when {
                    branch 'test'
                }
                steps {
                    bat 'echo 执行验收测试！'
                }
            }
            stage('部署生产环境') {
                when {
                    branch 'master'
                }
                steps {
                    bat 'echo 部署生产环境！'
                }
            }
        }
    }
```

以上示例使用了流水线的 when 指令，该指令用于判断条件是否满足。结合 branch 使用可判断是否为指定分支。

提交 multi-branch-pipeline 模块代码到 Git 服务器，再从 master 分支创建 dev 和 test 两个分支。

在 Blue Ocean 主页单击“创建流水线”，选择代码仓库 Git，仓库 URL 填写如下。

```
http://admin@192.168.3.101:8001/r/multi-branch-pipeline.git
```

以上用户名和 Git 服务器为笔者使用的，读者需根据实际情况进行替换。

选择已存在的凭证（或新建凭证），单击“创建流水线”。创建流水线成功后流水线将自动开始执行，如图 11-8 所示。

执行成功后可查看每个分支的执行情况，图 11-9 为 dev 分支的执行情况。可以看到 dev 分支并没有执行系统测试、验收测试和部署生产环境，这与 Jenkinsfile 文件中定义的一致。在 Jenkinsfile 文件中，笔者将每个阶段要执行的操作都简单定义为打印一个字符串，在实际项目中应根据实际情况修改 Jenkinsfile 文件，比如一个 Maven 工程，在构建阶段应该执行 Maven 命令来编译项目，而不是打印字符串。

另外，流水线语法非常强大，更多用法可参考 Jenkins 官方文档，其地址为 https://www.jenkins.io/doc/book/pipeline/syntax/。

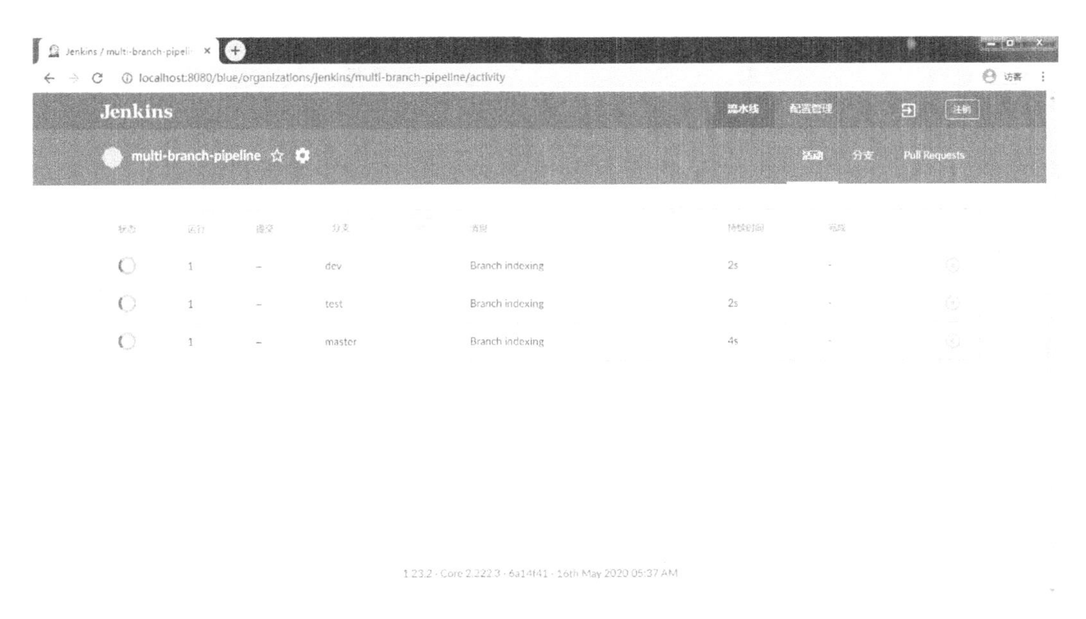

图 11-8　正在执行的多分支流水线

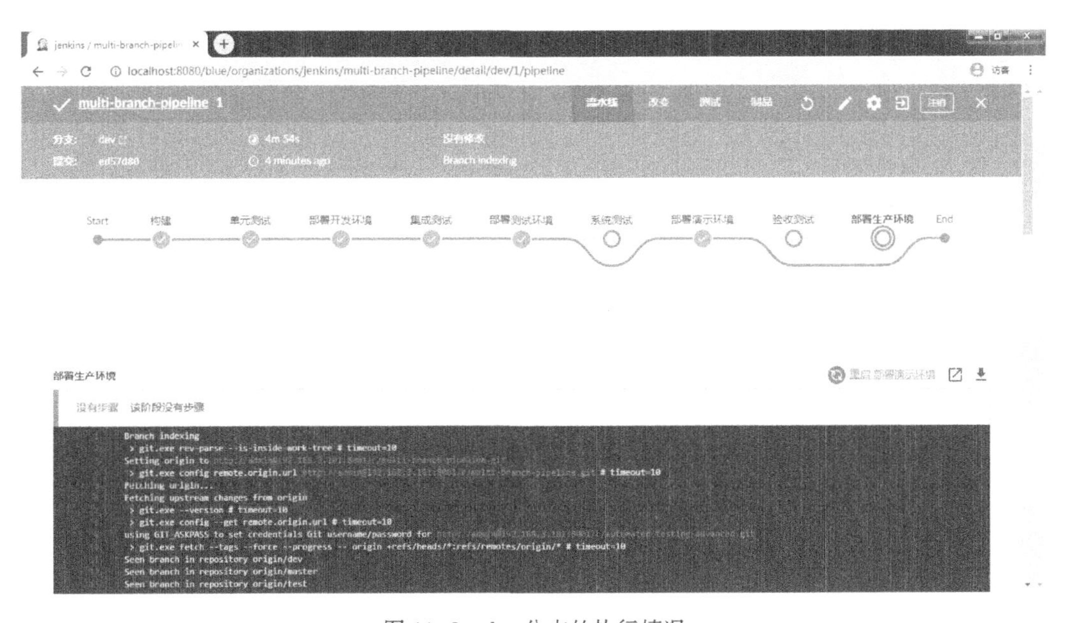

图 11-9　dev 分支的执行情况

11.3 其他常用实践

11.3.1 邮件通知

1. 创建邮件通知示例 Maven 项目

在 chapter-11 模块中新建子模块 mail-notification，在 mail-notification 模块的/src/test 目录新增 com.lujiatao.mailnotification Package，在 com.lujiatao.mailnotification Package 中新增 MailNotification 测试类，代码如下所示。

```
package com.lujiatao.mailnotification;

import org.testng.annotations.Test;

import static org.testng.Assert.fail;

public class MailNotification {

    @Test
    public void testCase_001() {
    }

    @Test
    public void testCase_002() {
    }

    @Test
    public void testCase_003() {
        fail();
    }

}
```

修改 mail-notification 模块的 pom.xml，在<project>标签中增加以下内容。

```
<build>
    <plugins>
        <plugin>
```

```
            <groupId>org.apache.maven.plugins</groupId>
            <artifactId>maven-surefire-plugin</artifactId>
            <version>2.22.2</version>
            <configuration>
                <includes>
                    <include>MailNotification.java</include>
                </includes>
                <testFailureIgnore>true</testFailureIgnore>
            </configuration>
        </plugin>
    </plugins>
</build>
```

由于 Maven Surefire Plugin 插件默认的测试类匹配方式无法匹配到 MailNotification 测试类，因此使用了<include>标签用于指定 MailNotification 测试类。另外，使用<testFailureIgnore>标签并将其值设置为 true，否则当测试用例执行失败后无法生成测试报告。

提交 automated-testing-advanced 工程代码到 Git 服务器。

2. 配置邮件服务器

接下来以使用 QQ 的 SMTP 服务器作为邮件发送服务器为例，介绍 Jenkins 的邮件发送功能的配置。

首先进入 Jenkins 的“Manage Jenkins → Configure System”页面。然后配置系统管理员邮件地址，即配置用于发送邮件的 QQ 邮箱。接下来在“Extended E-mail Notification”中配置如下内容。

1）SMTP server：填写 smtp.qq.com。

2）勾选“Use SMTP Authentication”，User Name 和 Password 分别填写用于发送邮件的 QQ 邮箱和授权码。关于如何获取授权码，请参见腾讯官方文档，其地址为：https://service.mail.qq.com/cgi-bin/help?subtype=1&id=28&no=1001256。

3）勾选 Use SSL。

4）SMTP port：填写 465。

5）勾选 Allow sending to unregistered users。

6）Default Triggers：勾选 Always。

3. 创建邮件通知示例 Jenkins 工程

新建自由风格项目（Freestyle project）mail-notification。然后在源码管理中输入 Git 代码仓库的 URL：http://admin@192.168.3.101:8001/r/automated-testing-advanced.git。

以上用户名和 Git 服务器为笔者使用的，读者需根据实际情况进行替换。

选择已存在的凭证（或新建凭证）。接下来增加构建步骤，选择“Invoke top-level

Maven targets”，在目标中输入“clean test”，POM 中输入“chapter-11\mail-notification\pom. xml”，如图 11-10 所示。

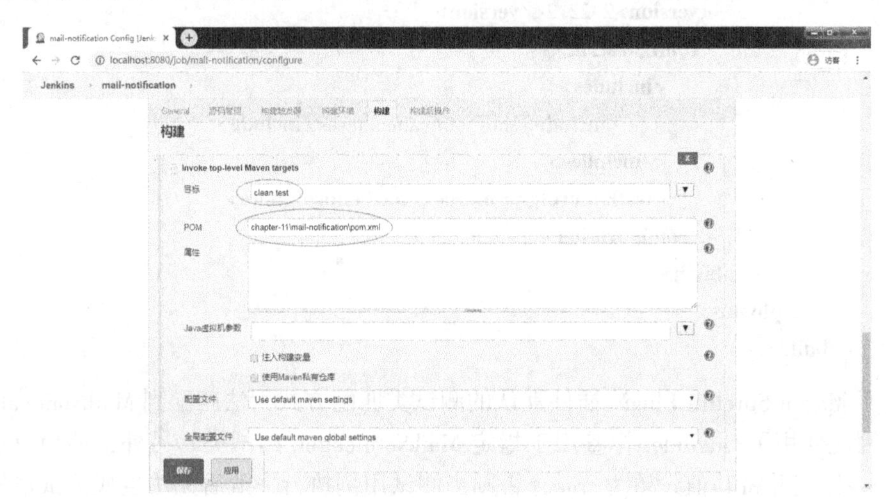

图 11-10　配置构建

最后增加构建后操作步骤，选择“Editable Email Notification”，Project From 填写发件人邮箱，Project Recipient List 填写收件人邮箱，Content Type 选择“HTML（text/html）”，Default Content 填写“${FILE, path="C:/Users/lujiatao/. jenkins/workspace/mail-notification/chapter-11/mail-notification/target/surefire-reports/emailable-report. html"}”（“C:/Users/lujiatao”为笔者的 Jenkins 路径，读者需根据实际情况修改路径），如图 11-11 所示。

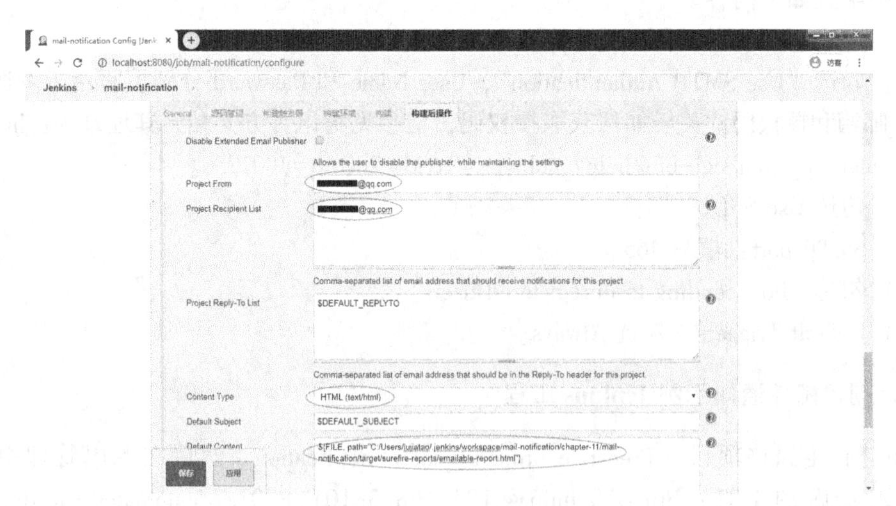

图 11-11　配置邮件

单击“保存”，手动触发构建，此时收件人的邮箱收到了邮件，如图 11-12 所示。

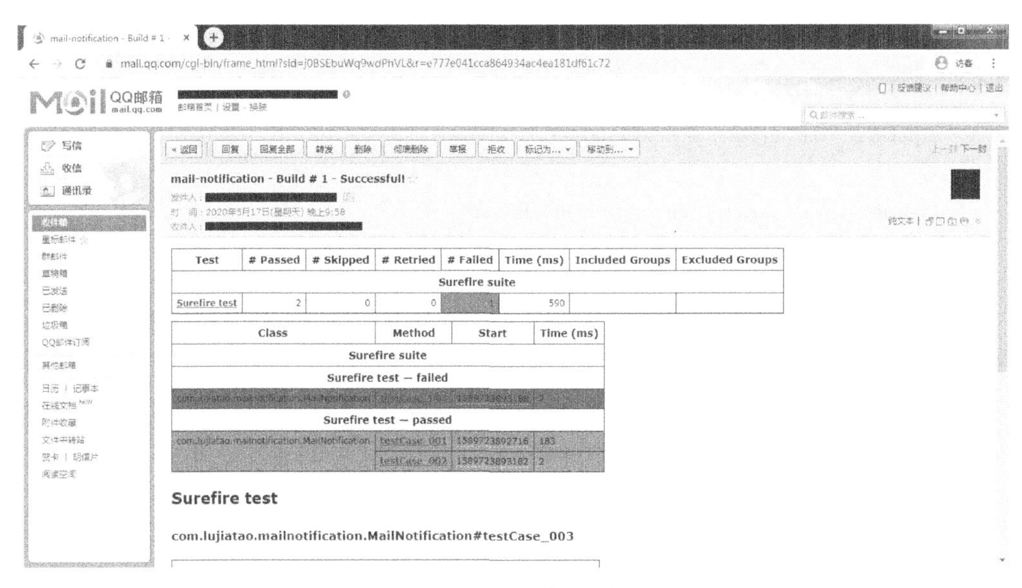

图 11-12 收到的邮件

11.3.2 多节点构建

在“10.4 Selenium Grid”中曾介绍了使用 Selenium Grid 进行分布式执行，但 Selenium Grid 是针对同一个工程而言的，而 Jenkins 多节点构建功能是针对不同工程而言的。举例来说，如果工程 A 需要在 Windows 计算机上构建，工程 B 需要在 macOS 计算机上构建，那么不必搭建多个 Jenkins，只需要将 Windows 计算机和 macOS 计算机作为 Jenkins 的节点纳入同一个 Jenkins 进行管理即可。

笔者使用了装有不同操作系统的 3 台计算机来演示 Jenkins 多节点构建的使用。

1）Windows 7 笔记本（以下简称计算机 A）：IP 地址为 192.168.3.12，充当 Jenkins Master 节点，安装有 JDK（版本 9.0.4）、Chrome（版本 81.0.4044.129）、Firefox（版本 75.0）和 IE（版本 8.0.7601.17514）。

2）Windows 10 台式计算机（以下简称计算机 B）：IP 地址为 192.168.3.101，充当 Jenkins Slave 节点，安装有 JDK（版本 9.0.4）、Git（版本 2.26.2）、Maven（版本 3.6.3）、Chrome（版本 81.0.4044.129）、Firefox（版本 75.0）、IE（版本 11.1176.10586.0）和 Edge（版本 25.10586.672.0）。

3）macOS 10.14 笔记本（以下简称计算机 C）：IP 地址为 192.168.3.9，充当 Jenkins Slave 节点，安装有 JDK（版本 9.0.4）、Git（版本 2.26.2）、Maven（版本 3.6.3）、Chrome（版本 81.0.4044.129）、Firefox（版本 75.0）和 Safari（版本 13.0.4）。

1. 创建多节点构建示例 Maven 项目

在 chapter-11 模块中新建子模块 windows-testcase，在 windows-testcase 模块的/src/

test 目录新增 com. lujiatao. windowstestcase Package，在 com. lujiatao. windowstestcase Package 中新增 WindowsTestcase 测试类，代码如下所示。

```
package com.lujiatao.windowstestcase;

import org.openqa.selenium.edge.EdgeDriver;
import org.testng.annotations.Test;

import static org.testng.Assert.assertEquals;

public class WindowsTestcase {

    @Test
    public void testCase_001() {
        EdgeDriver driver = new EdgeDriver();
        driver.get("http://192.168.3.12:9002/login");
        assertEquals(driver.getTitle(), "登录");
        driver.quit();
    }

}
```

修改 windows-testcase 模块的 pom. xml 文件，在<project>标签中增加以下内容。

```
<build>
    <plugins>
        <plugin>
            <groupId>org.apache.maven.plugins</groupId>
            <artifactId>maven-surefire-plugin</artifactId>
            <version>2.22.2</version>
            <configuration>
                <includes>
                    <include>WindowsTestcase.java</include>
                </includes>
            </configuration>
        </plugin>
    </plugins>
</build>
```

在 chapter-11 模块中新建子模块 macos-testcase，在 macos-testcase 模块的/src/test 目录新增 com. lujiatao. macostestcase Package，在 com. lujiatao. macostestcase Package 中新增 MacOSTestcase 测试类，代码如下所示。

```
package com.lujiatao.macostestcase;

import org.openqa.selenium.safari.SafariDriver;
import org.testng.annotations.Test;

import static org.testng.Assert.assertEquals;

public class MacOSTestcase {

    @Test
    public void testCase_001() {
        SafariDriver driver = new SafariDriver();
        driver.get("http://192.168.3.12:9002/login");
        assertEquals(driver.getTitle(), "登录");
        driver.quit();
    }

}
```

修改 macos-testcase 模块的 pom.xml 文件，在<project>标签中增加以下内容。

```
<build>
    <plugins>
        <plugin>
            <groupId>org.apache.maven.plugins</groupId>
            <artifactId>maven-surefire-plugin</artifactId>
            <version>2.22.2</version>
            <configuration>
                <includes>
                    <include>MacOSTestcase.java</include>
                </includes>
            </configuration>
        </plugin>
    </plugins>
</build>
```

提交代码到 Git 服务器。

2. 配置 Jenkins Master 节点

首先需要在 Jenkins Master 节点启用 TCP 端口监听，以便 Slave 节点的接入。启用方法是进入“Manage Jenkins → Configure Global Security”页面，在“TCP port for inbound agents”中选择“指定端口”，端口号填写“8081”（也可以填写其他端口，只要不与现有使用的端口冲突即可），如图 11-13 所示。

图 11-13　配置 Jenkins Master 节点的监听端口

当然也可以选择“随机选取”，选择该项后 TCP 监听的端口是随机选取的。

3. 配置 Jenkins Slave 节点

在计算机 B 的 E 盘根目录新增目录 JenkinsSlave（也可以使用其他路径或其他目录名）。进入 Jenkins 的“Manage Jenkins → Manage Nodes and Clouds”页面，单击“新建节点”。节点名称填写“Jenkins Slave 1”，选择“Permanent Agent”，单击“确定”。此时 Jenkins 会自动跳转到“Jenkins Slave 1”的详细配置页面，其中远程工作目录填写“E:\JenkinsSlave”，标签填写“Windows”。最后需要在节点属性中勾选“Environment variables”，并新增“JAVA_TOOL_OPTIONS”环境变量，其值为“-Dfile. encoding = UTF-8”，否则 Jenkins 构建时会出现中文乱码的现象，如图 11-14 所示。

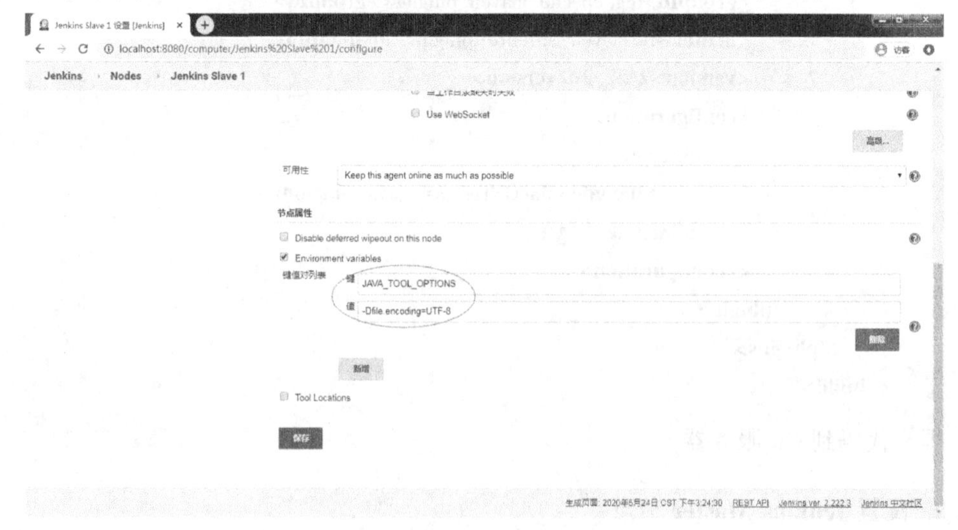

图 11-14　配置环境变量

其他保持默认，单击“保存”即可。此时 Slave 节点处于离线状态，因为 Master 节点无法与 Slave 节点通信，如图 11-15 所示。

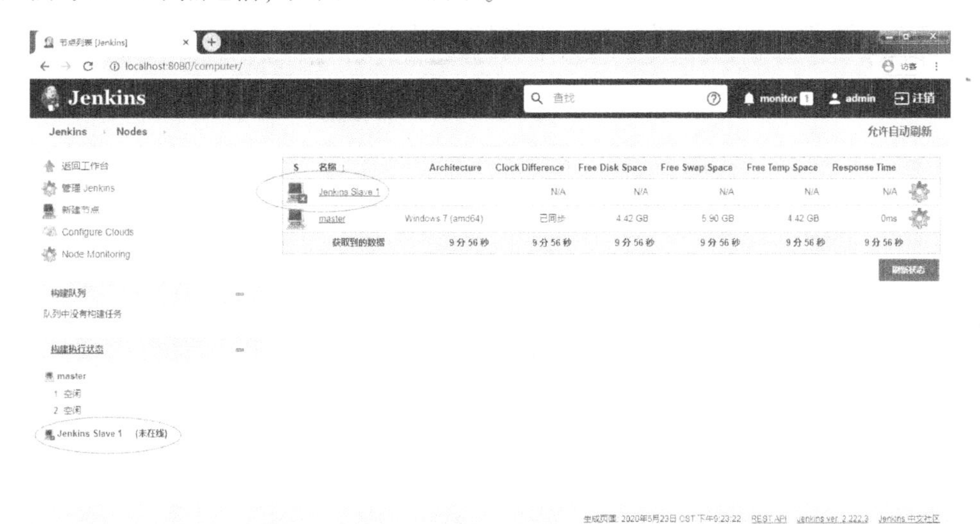

图 11-15　离线的 Slave 节点

接下来在计算机 B 上访问 http://192.168.3.12:8080/jnlpJars/agent.jar 页面，下载 agent.jar 文件到 E 盘根目录，执行以下命令将 Slave 节点连接到 Master 节点。

```
java -jar E:\agent.jar -jnlpUrl http://192.168.3.12:8080/computer/Jenkins%20Slave%201/slave
-agent.jnlp-secret 959bad38b413d2ebf47b07aa7bd259585faf0331963153c80d0479d5307ef1a3-
workDir "E:\JenkinsSlave"
```

以上命令中的密钥（-secret 命令的值）可单击节点名称来查看，如图 11-16 所示。执行后 Slave 节点处于在线状态，如图 11-17 所示。

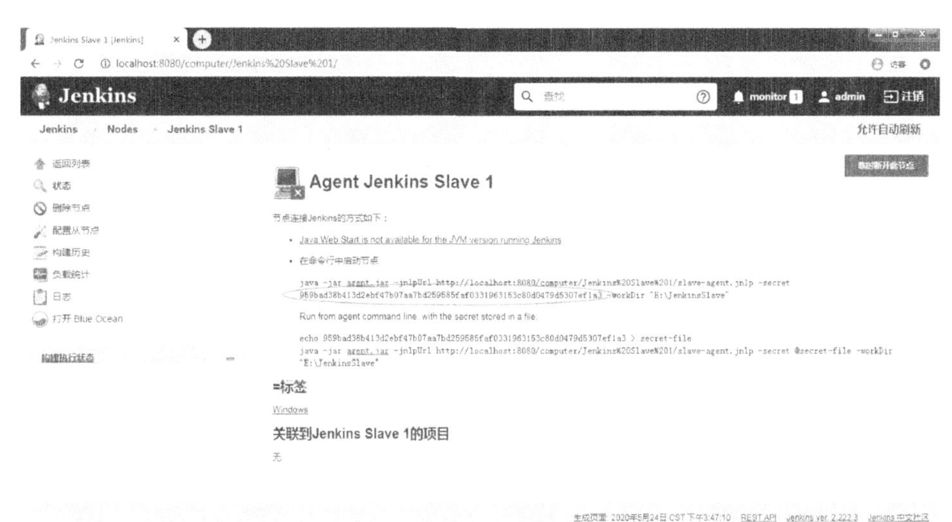

图 11-16　获取密钥

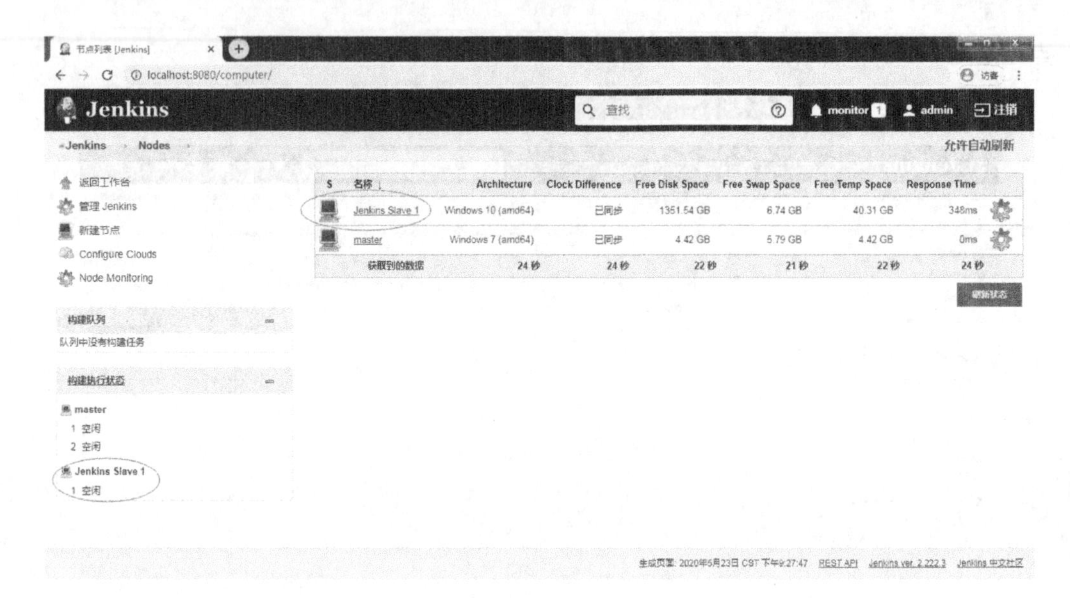

图 11-17　在线的 Slave 节点

计算机 C（macOS）的 Jenkins Slave 节点配置方法与计算机 B（Windows）基本一致，仅有两个不同点。

1）不需要新增环境变量。

2）需要在节点属性中勾选“Tool Locations”并将 Git 目录设置为计算机 C 上 Git 的安装路径，否则计算机 C 无法识别 Git，如图 11-18 所示。

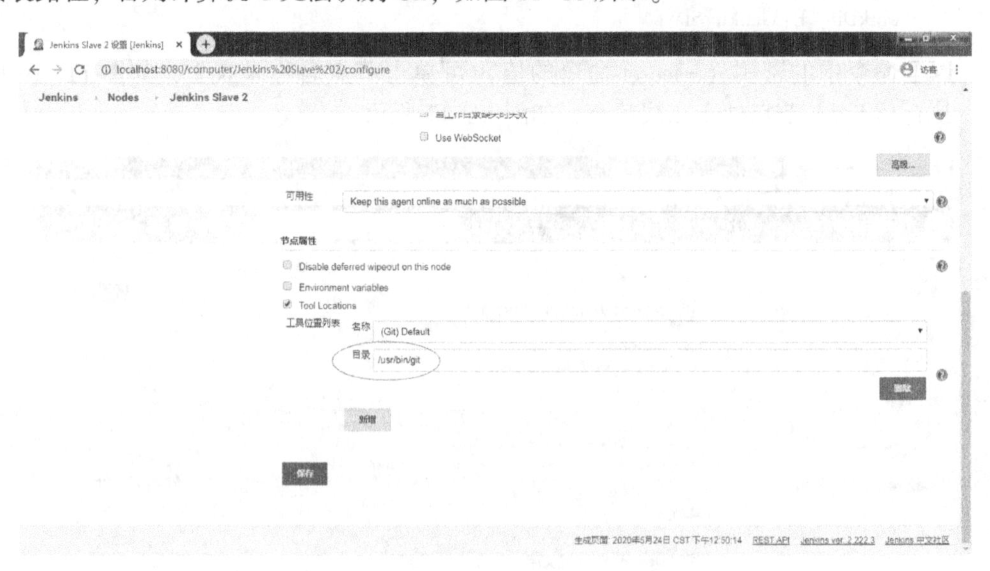

图 11-18　配置 macOS 的 Git 路径

另外，请注意需要将计算机 C 的 Jenkins Slave 节点的标签设置为“macOS”，以便后续使用。

4. 创建多节点构建示例 Jenkins 工程

新建自由风格项目（Freestyle Project）windows-testcase。在“General”中勾选“限制项目的运行节点”，在标签表达式中填写“Windows”，然后在源码管理中输入 Git 代码仓库的 URL：http://admin@192.168.3.101:8001/r/automated-testing-advanced.git。

以上用户名和 Git 服务器为笔者使用的，读者根据实际情况进行替换。选择已存在的凭证（或新建凭证）。

接下来增加构建步骤，选择“Invoke top-level Maven targets”，在目标中输入“clean test”，POM 中输入“chapter-11\windows-testcase\pom.xml”。

按同样方式创建自由风格项目（Freestyle project）macos-testcase。由于该项目用于在 macOS 上执行构建，因此标签表达式中需填写“macOS”，而 POM 中需输入“chapter-11/macos-testcase/pom.xml”。

手动触发 windows-testcase 和 macos-testcase 项目构建，可以看到它们分别在 Jenkins Slave 1 节点和 Jenkins Slave 2 节点进行构建，如图 11-19 所示。

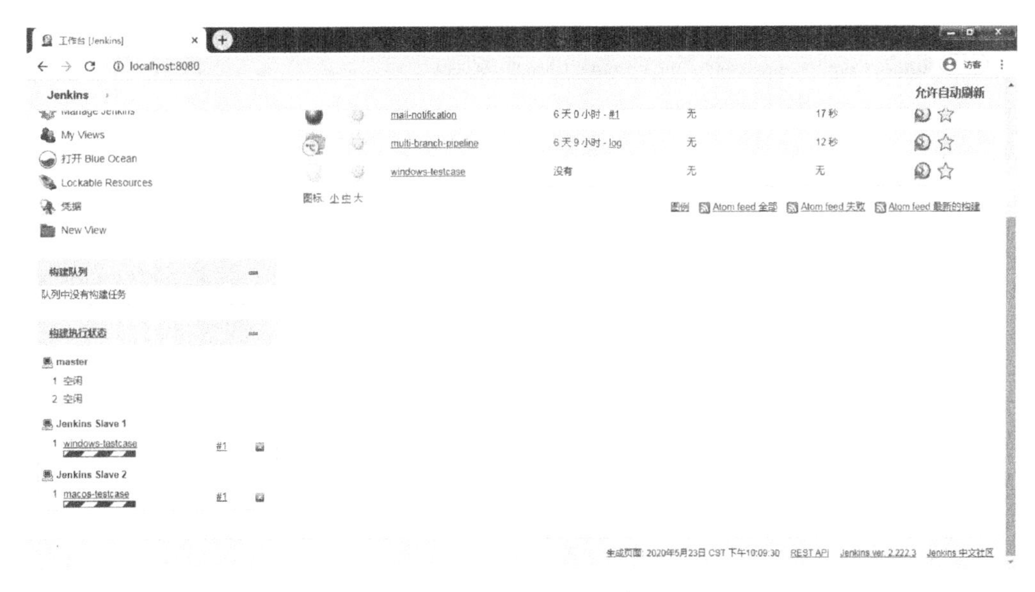

图 11-19　多节点构建

Jenkins 接入 Slave 节点有多种方式，以上演示的是使用 Java 网络加载协议（Java Network Launch Protocol，JNLP）方式，另外还支持使用命令行和安全外壳（Secure Shell，SSH）来接入 Slave 节点，有兴趣的读者可自行研究。

11.3.3 集成第三方测试报告

Jenkins 常常通过集成第三方测试报告来提高构建结果的可读性。本节将分别介绍 Jenkins 集成 Extent Reporting 和 Allure 测试报告的方法。

在集成第三方测试报告之前，先安装一个名为 Groovy 的插件，该插件用于执行 Groovy 脚本，本节会用到该插件。

1. 集成 Extent Reporting 测试报告

由于 Extent Reporting 的 TestNG 适配器的适配原理是实现 TestNG 的 ITestListener 或 IReporter 接口，因此不需要专门的插件即可将 Extent Reporting 测试报告呈现在 Jenkins 上。

在 chapter-11 模块中新建子模块 extent-reporting-framework-jenkins，在 extent-reporting-framework-jenkins 模块的/src/test 目录新增 com.lujiatao.extentreportingframeworkjenkins Package，在 com.lujiatao.extentreportingframeworkjenkins Package 中新增 ExtentReportingFrameworkJenkins 测试类，代码如下所示。

```
package com.lujiatao.extentreportingframeworkjenkins;

import org.openqa.selenium.chrome.ChromeDriver;
import org.testng.annotations.Test;

import static org.testng.Assert.assertEquals;

public class ExtentReportingFrameworkJenkins {

    static {
        System.setProperty("extent.reporter.html.start", "true");
        System.setProperty("extent.reporter.html.out", "test-output/ExtentReporting-
Framework.html");
    }

    @Test
    public void testCase_001() {
        ChromeDriver driver = new ChromeDriver();
        driver.get("http://192.168.3.12:9002/login");
        assertEquals(driver.getTitle(), "登录");
        driver.quit();
    }
```

```
}
```

修改 extent-reporting-framework-jenkins 模块的 pom. xml 文件，在<project>标签中增加以下内容。

```
<build>
    <plugins>
        <plugin>
            <groupId>org. apache. maven. plugins</groupId>
            <artifactId>maven-surefire-plugin</artifactId>
            <version>2. 22. 2</version>
            <configuration>
                <suiteXmlFiles>
                    <suiteXmlFile>testng. xml</suiteXmlFile>
                </suiteXmlFiles>
            </configuration>
        </plugin>
    </plugins>
</build>
```

在 extent-reporting-framework-jenkins 模块根目录新增 testng. xml 文件，文件内容如下所示。

```
<? xml version="1. 0" encoding="UTF-8"? >
<! DOCTYPE suite SYSTEM "http://testng. org/testng-1. 0. dtd">
<suite name="Suite">
    <listeners>
        <listener class-name="com.aventstack.extentreports.testng.listener.ExtentIReport-
erSuiteClassListenerAdapter"/>
    </listeners>
    <test name="Test">
        <classes>
            <class name="com.lujiatao. extentreportingframeworkjenkins. ExtentReport-
ingFrameworkJenkins"/>
        </classes>
    </test>
</suite>
```

extent-reporting-framework-jenkins 模块使用了 testng. xml 文件来执行 TestNG 测试用例，并将测试报告监听器绑定成了 ExtentIReporterSuiteClassListenerAdapter。另外，在 pom. xml 文件中使用<suiteXmlFile>标签指定了 testng. xml 文件的路径。以上内容完成后，将代码到 Git 服务器。

新建自由风格项目（Freestyle project）extent-reporting-framework-jenkins。在源码

管理中输入 Git 代码仓库的 URL：http://admin@192.168.3.101:8001/r/automated-testing-advanced.git。

以上用户名和 Git 服务器为笔者使用的，读者需根据实际情况进行替换。选择已存在的凭证（或新建凭证）。

接下来增加构建步骤，选择“Invoke top-level Maven targets”，在目标中输入“clean test”，POM 中输入“chapter-11\extent-reporting-framework-jenkins\pom.xml”。

继续增加构建步骤，选择“Execute system Groovy script”和“Groovy command”，在 Groovy Script 中填写“System.setProperty ("hudson.model.DirectoryBrowserSupport.CSP", "")”，该步骤用于启用 CSS 样式，否则出于安全考虑 Jenkins 是无法加载 CSS 样式的。

最后增加构建后操作步骤，选择“Publish HTML reports”，在 Reports 中单击“新增”，Index page[s] 填写“chapter-11/extent-reporting-framework-jenkins/test-output/ExtentReportingFramework.html”。

手动触发 extent-reporting-framework-jenkins 项目构建，构建后可查看到测试报告，如图 11-20 所示。

图 11-20　集成 Extent Reporting 测试报告

2. 集成 Allure 测试报告

在 chapter-11 模块中新建子模块 allure-jenkins，在 allure-jenkins 模块的/src/test 目录新增 com.lujiatao.allurejenkins Package，在 com.lujiatao.allurejenkins Package 中新增 AllureJenkins 测试类，代码如下所示。

```
package com.lujiatao.allurejenkins;
```

```
import org.openqa.selenium.chrome.ChromeDriver;
import org.testng.annotations.Test;

import static org.testng.Assert.assertEquals;

public class AllureJenkins {

    @Test
    public void testCase_001() {
        ChromeDriver driver = new ChromeDriver();
        driver.get("http://192.168.3.12:9002/login");
        assertEquals(driver.getTitle(), "登录");
        driver.quit();
    }

}
```

在 allure-jenkins 模块的/src/java/resources 目录下新增 allure.properties 文件，文件内容如下所示。

```
allure.results.directory=target/allure-results
```

修改 allure-jenkins 模块的 pom.xml 文件，增加以下内容。

```
<properties>
    <aspectj.version>1.9.5</aspectj.version>
</properties>

<build>
    <plugins>
        <plugin>
            <groupId>org.apache.maven.plugins</groupId>
            <artifactId>maven-surefire-plugin</artifactId>
            <version>2.22.2</version>
            <configuration>
                <argLine>
                        -javaagent:"${settings.localRepository}/org/aspectj/aspectjweaver/$
{aspectj.version}/aspectjweaver-${aspectj.version}.jar"
                </argLine>
    <suiteXmlFiles>
                    <suiteXmlFile>testng.xml</suiteXmlFile>
                </suiteXmlFiles>
            </configuration>
```

```
                <dependencies>
                    <dependency>
                        <groupId>org.aspectj</groupId>
                        <artifactId>aspectjweaver</artifactId>
                        <version>${aspectj.version}</version>
                    </dependency>
                </dependencies>
            </plugin>
        </plugins>
    </build>
```

在 allure-jenkins 模块根目录新增 testng. xml 文件，文件内容如下所示。

```
<?xml version="1.0" encoding="UTF-8"?>
<!DOCTYPE suite SYSTEM "http://testng.org/testng-1.0.dtd">
<suite name="Suite">
    <listeners>
        <listener class-name="com.aventstack.extentreports.testng.listener.ExtentIReport-
erSuiteClassListenerAdapter"/>
    </listeners>
    <test name="Test">
        <classes>
            <class name="com.lujiatao.allurejenkins.AllureJenkins"/>
        </classes>
    </test>
</suite>
```

提交代码到 Git 服务器。

接下来在 Jenkins 中安装 Allure 插件。进入 Jenkins 的“Manage Jenkins → Global Tool Configuration”页面，在 Allure Commandline 中单击“新增 Allure Commandline”，由于在 8. 3. 2 节中已经安装了命令行工具，因此这里取消勾选“Install automatically”，Allure Commandline 别名填写“Allure 2. 13. 2”，安装目录填写“D:\Program Files\allure-2. 13. 2”。以上别名读者可根据自身情况替换为其他名称，安装目录需根据实际情况进行替换。

以上准备工作完成后，新建自由风格项目（Freestyle Project）allure-jenkins。

在源码管理中输入 Git 代码仓库的 URL：http://admin@192.168.3.101:8001/r/automated-testing-advanced.git。

以上用户名和 Git 服务器为笔者使用的，读者需根据实际情况进行替换，然后选择已存在的凭证（或新建凭证）。

接下来增加构建步骤，选择“Invoke top-level Maven targets”，在目标中输入“clean test”，POM 中输入“chapter-11\allure-jenkins\pom. xml”。

最后增加构建后操作步骤，选择“Allure Report”，在 Results 的 Path 中填写“chapter-11/allure-jenkins/target/allure-results”。

手动触发 allure-jenkins 项目构建，构建后可查看到测试报告，如图 11-21 所示。

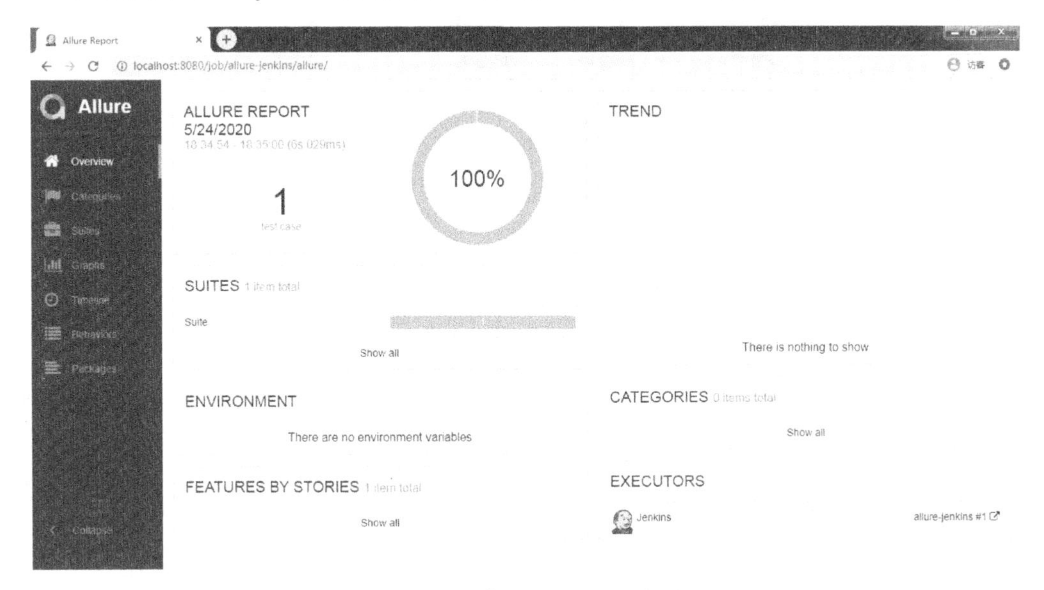

图 11-21　集成 Allure 测试报告

第12章 展 望

本章是本书的最后一章，笔者不打算演示任何示例，而是重点对目前自动化测试的几个新领域进行简介，有兴趣的读者可以自行查阅相关资料进行深入学习。

12.1 自动化测试平台

自动化测试平台是在自动化测试工具和自动化测试框架之上的另一种自动化测试实践，其目的在于整合各类自动化测试（接口自动化、Web 自动化和 App 自动化，甚至单元自动化和性能自动化），并提供可视化界面供多人协同使用。因此，从严格意义来讲，自动化测试平台并不是一种新技术，而只是一种新的自动化测试思想。由于自动化测试平台的功能较为复杂，需要投入大量的人力和时间才能开发出来，因此在开源领域并没有十分成熟的方案。相对成熟的有 LuckyFrame、Phoenix Framework 和 AutotestPlat 等。

12.2 自动化测试与容器化

随着软件复杂度的增加，对软件的运行及维护管理越来越困难，于是容器化技术被迅速推广以应对这种困境。容器替代虚拟机作为应用程序运行的最小载体，其拥有虚拟机不具备的部署方便、资源开销低和启动速度快等优点。

在容器化技术中，Docker、rkt 和 lmctfy 等众多容器引擎诞生了。其中最为流行的莫过于 Docker，使用 Docker 运行一个应用程序非常简单。

如果使用传统部署应用程序的方式，那么应用程序是运行在虚拟机或物理机的操作系统之上，在运行之前需要部署众多依赖，大致步骤如下。

第 1 步：部署依赖 1。

第 2 步：部署依赖 2。

第 3 步：部署依赖 3。

……

第 *N* 步：部署依赖 *N*。

第 *N*+1 步：部署应用程序。

而使用 Docker 部署应用程序，只需要一个步骤：即使用应用程序的镜像启动一个容器。

由于应用程序的依赖已打包在了镜像里，因此不需要关注依赖。

既然容器化技术是为了解决应用程序的运行及维护管理问题，那么它自然也适用于自动化测试领域。假设现在要搭建一个 Jenkins 服务器，使用 Docker 只需要执行一条命令即可：docker run jenkins。

执行这条命令后，Docker 将检查本地是否有 Jenkins 镜像：如果没有会先从镜像仓库拉取该镜像到本地，并使用该镜像启动一个容器；如果本地有 Jenkins 镜像，则直接使用该镜像启动一个容器。

12.3　自动化测试与人工智能

人工智能已在各个领域发挥重要作用，其作用在于代替人完成手工工作。而自动化测试的作用在于代替测试人员完成手工测试工作。既然如此，在自动化测试中引入人工智能是顺理成章的事情。一般通过已有的数据（比如生产环境的真实数据或测试人员制造的测试数据）进行学习和训练，达到预期效果后投放到实际的自动化测试中。然后再通过实际的自动化测试执行过程来不断学习和训练，以提升其精准度，尽量避免漏报和误报。人工智能在自动化测试中的使用效果取决于多种因素，比如机器学习算法、数据样本大小等。这些都需要通过实践来找到一种适合自己当前项目的最优策略。